ASTRONOMISCHE CHRONOLOGIE

VON

PROF. DR. P. V. NEUGEBAUER

OBSERVATOR AM ASTRONOMISCHEN RECHEN-INSTITUT IN BERLIN-DAHLEM

ERSTER BAND

TEXT

BERLIN UND LEIPZIG

WALTER DE GRUYTER & CO.

VORMALS G. J. GÖSCHEN'SCHE VERLAGSHANDLUNG
J. GUTTENTAG, VERLAGSBUCHHANDLUNG / GEORG
REIMER / KARL J. TRÜBNER / VEIT & COMP.

1929

---

vormals G. J. Göschen'sche Verlagshandlung — J. Guttentag,
Verlagsbuchhandlung — Georg Reimer — Karl J. Trübner
Veit & Comp.
Berlin und Leipzig

Druck von Walter de Gruyter & Co., Berlin W 10

Vorwort.

Das Handbuch der Astronomischen Chronologie wendet sich in erster Linie an Historiker und Orientalisten. Es stellt sich die Aufgabe, alle modernen Hilfsmittel zur Berechnung von Himmelserscheinungen lückenlos nachzuweisen und ihren Gebrauch in so elementarer Form zu erläutern, daß der Nichtastronom auf die bisher in vielen Fällen immer noch erforderliche Hilfe eines Fachmanns vollständig verzichten kann.

Als vor nunmehr 33 Jahren W. F. Wislicenus als erster den Versuch machte, in seiner »Astronomischen Chronologie« ein kurzes modernes Hilfsbuch zu schaffen, gab es außer den großen astronomischen Tafelwerken nur einige wenige kleinere, die auch für Laien benutzbar waren. Infolgedessen mußte sich Wislicenus auf die Behandlung vereinzelter Aufgaben beschränken, die wichtigsten aber — z. B. die Berechnung der Örter der Gestirne — ausdrücklich als nur durch den Fachmann lösbar bezeichnen. Seine Darstellung, die damals vollkommen zutreffend war, hat aber heute gar keine Berechtigung mehr und ist geeignet, ganz irrige Anschauungen zu erwecken. Gerade in den letzten Dezennien sind verschiedene Tafelwerke entstanden, die für Nichtastronomen berechnet sind und alle Lücken ausfüllen, die Wislicenus noch offen lassen mußte.

So ist heute der Historiker tatsächlich imstande, alle Aufgaben der astronomischen Chronologie ohne Ausnahme selbständig zu behandeln und das auch ohne größere astronomische Vorkenntnisse. Die Notwendigkeit, dies nun wirklich tun zu können, wird sich in Kürze zwingend offenbaren. Die nächsten Jahrzehnte werden den Orientalisten eine Fülle neuen astronomisch auszuwertenden Materiales bringen; in der Astronomie aber wendet sich das Interesse immer schärfer der Astrophysik und der reinen Physik zu, so daß die Zeit nicht mehr fern ist, in der es an Astronomen mangeln wird, die für die doch recht elementaren Aufgaben der astronomischen Chronologie noch das erforderliche Interesse aufbringen. Die Anfänge dieser Entwicklung deuten sich heute schon leise aber unverkennbar an und es erscheint daher geboten, den Historiker und Orientalisten soweit auf eigene Füße zu stellen, daß er astronomische Berechnungen, die zu Zeiten von Wislicenus noch unbedingt in die Domäne des Astronomen gehörten, nunmehr an Hand geeigneter Hilfsmittel allein oder mit Unterstützung durch einen astronomisch interessierten Amateur auszuführen vermag. Es kommt dabei nur auf die Form an, in der die erforderlichen Erläuterungen gegeben werden, und diese Form hofft der Verfasser hier gefunden zu haben, indem mit Fortlassung aller für die reine Praxis entbehrlicher Erklärungen die Arbeitsvorschriften auf knappe Rezepte mit danebengestellten Beispielen gebracht sind.

Mit Rücksicht auf die Schwierigkeiten, die ein von den rein philologischen Disziplinen so verschiedenes Gebiet wie die Astronomie in sich birgt, ist auf möglichst elementare Darstellung der größte Wert gelegt worden; der Fachmann möge daher keinen Anstoß daran nehmen, daß er elementare Fragen in breiter Ausführlichkeit behandelt findet.

Der erste Teil des Buches befaßt sich mit den astronomischen Grundbegriffen, deren Kenntnis wohl das Verständnis erleichtert, aber zum eigentlichen Gebrauch des Handbuches nicht erforderlich ist. Der Nichtastronom wird hier vielleicht die Darstellung etwas zu knapp finden, aber ein weiteres Ausspinnen des Stoffes hätte ein kleines Lehrbuch der sphärischen Astronomie ergeben; zur Ergänzung sei daher auf die sehr ausführliche Behandlung in dem ersten Bande des Handbuches der Chronologie von F. K. Ginzel verwiesen. Bei den Definitionen wurde der kurzen, leicht anschaulichen aber vielleicht nicht ganz strengen Form immer der Vorzug gegeben; es handelt sich hier nur darum, das Verständnis zu vermitteln, nicht aber mathematisch exakte Formulierungen aufzustellen, deren Strenge zu dem Prinzip, mit nur genäherten Methoden zu arbeiten, in offenem Widerspruch stehen würde.

Die praktischen Anleitungen des zweiten Teiles sind auch ohne die Erläuterungen des ersten verständlich. Hier werden alle Hilfsmittel behandelt, mit denen sich Himmelserscheinungen jeder Art mit einer für historische Zwecke ausreichenden Genauigkeit berechnen lassen. Eine solche genäherte Berechnung entspricht vollkommen der nur sehr geringen Genauigkeit der Beobachtungen von Altertum und Mittelalter und hat noch den weiteren Vorteil, daß das gewünschte Ergebnis mit dem denkbar kleinsten Aufwand an Mühe zu erlangen ist.

Die dem Buche in dem zweiten Bande beigegebenen Tafeln ergänzen die bereits früher erschienenen Tafeln des Verfassers sowie die anderen in dem Buche behandelten Tafelsammlungen soweit, daß sich nunmehr alle Himmelserscheinungen ohne Ausnahme rechnerisch behandeln lassen. Die schwerfällig erscheinende Bezeichnung der einzelnen Tabellen mit dem Buchstaben E außer der Zahl ist absichtlich gewählt, um sie von den früheren Tafeln des Verfassers schon äußerlich als »Ergänzungstafeln« zu unterscheiden.

Die wertvollste Bereicherung bilden die Schramschen Tafeln zur Berechnung der Finsternisse, die hier in verbesserter und teilweise umgearbeiteter Form gegeben sind. Die schönen, in den Denkschriften der Wiener Akademie Bd. 51 (1885) veröffentlichten Tafeln sind heute im Buchhandel kaum noch zu erhalten. Der Verfasser erlaubt sich daher der Akademie der Wissenschaften in Wien seinen ergebensten Dank für die Genehmigung auszusprechen, den größten Teil der Schramschen Tafeln fast ungeändert in die Sammlung übernehmen zu dürfen, um sie auf diese Weise wieder weiteren Kreisen zugänglich zu machen.

Zu den Tafeln wäre noch zu bemerken, daß sie für nördliche Breiten gelten; die Notwendigkeit einer Ausdehnung auch auf südliche Breiten hat sich bisher noch nicht ergeben.

An verschiedenen Stellen ließ sich der Hinweis nicht umgehen, daß zahlreiche heute immer noch benutzte Werke jetzt veraltet oder nur noch bedingt benutzbar sind. Damit soll aber kein Vorwurf gegen die verdienten Autoren, sondern nur die Mahnung ausgesprochen sein, diesen nicht mehr zeitgemäßen Hilfsmitteln teils nur noch historischen Wert zuzusprechen, teils bei ihrer Benutzung kritische Vorsicht walten zu lassen. Resultate, die auf ungenügender astronomischer Grundlage aufgebaut sind, können zu bedenklichen Fehlschlüssen führen. Auch die Hilfsmittel, die der Verfasser dem Historiker jetzt an die Hand gibt, besitzen keinen Ewigkeitswert; sie werden für die nächsten 50 Jahre ihre Schuldigkeit tun und dann wird die Zeit gekommen sein, sie durch eine neue Bearbeitung den Fortschritten der Wissenschaft wieder anzupassen.

Zum Schluß möchte der Verfasser nicht verfehlen, Herrn R. Hiller seinen herzlichsten Dank für die Anfertigung der dem Buche beigegebenen Zeichnungen auszusprechen.

Berlin-Steglitz, Frühjahr 1929.

P. V. Neugebauer.

Inhaltsverzeichnis.

Theoretischer Teil.

Praktischer Teil.

Theoretischer Teil.

I. Die astronomische Chronologie und ihre Aufgaben.

Die astronomische oder mathematische Chronologie ist ihrem ganzen Wesen nach Astronomie. Mit der technischen Chronologie, der Kalenderkunde oder Kalendariographie, hat sie nur wenige Berührungspunkte; sie ist vielmehr ein Grenzgebiet zwischen Astronomie und Geschichtskunde, indem sie die Methoden und Hilfsmittel behandelt, nach denen aus astronomischen Angaben, die sich auf historische Ereignisse beziehen, die Zeit oder der Ort dieser Ereignisse bestimmt werden kann.

Die Aufgaben der astronomischen Chronologie liegen heute vorwiegend auf dem Gebiet der Vorgeschichte; sie ist dort allein imstande, die Zeitskala der Ereignisse eindeutig zu fixieren. Das Zurückgehen auf fernliegende Epochen ist natürlich nur dann sicher, wenn die zuverlässigsten astronomischen Grundlagen verwendet werden. Daher ist es die wichtigste Aufgabe dieses Handbuches, die besten Hilfsmittel nachzuweisen und gleichzeitig vor veralteten zu warnen.

Aber auch die genauesten Rechnungen versagen, wenn die Zeitspanne, die zu überbrücken ist, übergroß wird. Wir dürfen annehmen, daß unsere astronomischen Grundlagen etwa bis 4000 v. Chr. wirklich zuverlässig sind; darüber hinaus aber beginnt die Unsicherheit, die rasch anwächst und für noch weiter zurückliegende Epochen nur noch Schätzungen gestattet.

II. Astronomische Grundbegriffe.

1. Bestimmung eines Ortes an der Sphäre.

Zur Erläuterung des Begriffes »sphärische Koordinaten« wird am besten von dem bekannten System der geographischen Längen und Breiten auf der Erde ausgegangen.

Die Basis für die Festlegung eines Koordinatensystems bilden die Verbindungslinie der beiden Pole, die Erdachse, und die durch den Erdmittelpunkt senkrecht zur Erdachse gelegte Ebene, die Äquatorebene.

In Fig. 1 sind *N* der Nordpol, *S* der Südpol. Zwei durch die Erdachse *NS* gelegte Ebenen schneiden auf der Kugel die »Meridiane« *NGS* und *NLL'* aus. Der Winkel zwischen diesen beiden Meridianen wird durch den Schnitt ihrer Ebenen mit der Äquatorebene *WGL'O* gemessen.

Die beiden Meridianebenen schneiden die Äquatorebene in EG und EL' und der Winkel GEL', oder was dasselbe ist, der im Äquator gemessene Bogen GL' ist die Längendifferenz der beiden Meridiane, also die Längendifferenz aller auf ihnen liegenden Orte.

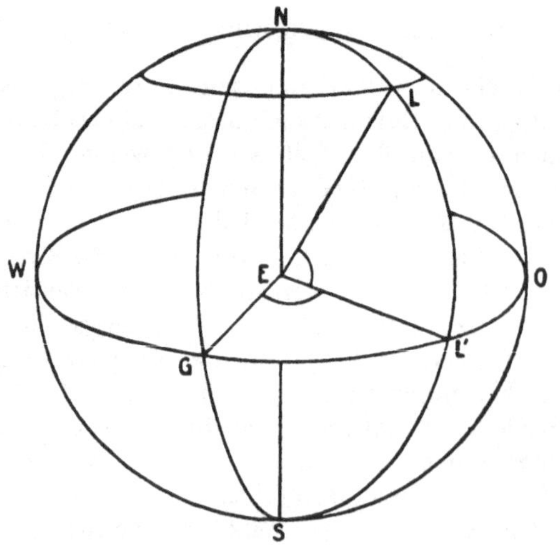

Fig. 1.

Als Anfangspunkt der Zählung der Längen muß ein Nullmeridian festgelegt werden. Auf der Erde ist dies der Meridian von Greenwich. Sei in der Figur NGS der Meridian von Greenwich, so ist der Bogen GL' die geographische Länge der beiden Orte L' und L. Die Längen werden nach Osten positiv, nach Westen negativ gezählt; ihre Bezeichnung ist λ.

Um weiter die Lage des Ortes L in seinem Meridian zu fixieren, wird L mit E verbunden. Der Winkel LEL' oder, was dasselbe ist, der Bogen LL', gezählt im Meridian, ist die geographische Breite. Sie wird vom Äquator aus nach Norden positiv, nach Süden negativ gezählt; ihre Bezeichnung ist φ.

Legen wir durch L eine zu dem Äquator parallele Ebene, so schneidet sie die Kugel in einem Breitenkreis oder Parallelkreis. Alle Orte eines Breitenkreises haben die gleiche geographische Breite.

Durch geographische Länge λ und Breite φ ist die Lage eines Ortes auf der Erdkugel vollständig bestimmt.

2. Das Koordinatensystem des Äquators: Rektaszension und Deklination.

Übertragen wir das Koordinatensystem der geographischen Längen und Breiten auf den Himmel, so erhalten wir folgendes Bild:

In Fig. 1 ist jetzt:

E die Erde,
NS die Verlängerung der Erdachse bis zum Schnitt mit der Sphäre,
N Nordpol des Himmels,
S Südpol des Himmels,
WGL'O der Himmelsäquator,
L der Ort eines Sterns an der Sphäre.

Durch den Stern *L* geht der Meridian *NLS*. *NGS* ist der am Himmel gültige Nullmeridian, der durch den Frühlingspunkt geht, und der Winkel *GEL'* (bzw. der Bogen *GL'*) ist die Rektaszension α des Sterns. Der Winkel *LEL'* (bzw. der Bogen *LL'*) ist die Deklination δ. α und δ entsprechen also am Himmel genau dem, was geographische Länge und Breite auf der Erde sind.

Nach dieser Einführung dürfen wir versuchen, die Verhältnisse an der allgemeiner gehaltenen Figur 2 zu behandeln.

In Fig. 2 ist *P* der Nordpol des Himmels, *NWS* der Äquator. Dieser wird von der Ebene der Ekliptik (= scheinbare Bahn der Sonne) *N'WS'* in *OW* geschnitten. Der Punkt *W*, in dem die Ekliptik von Süd nach

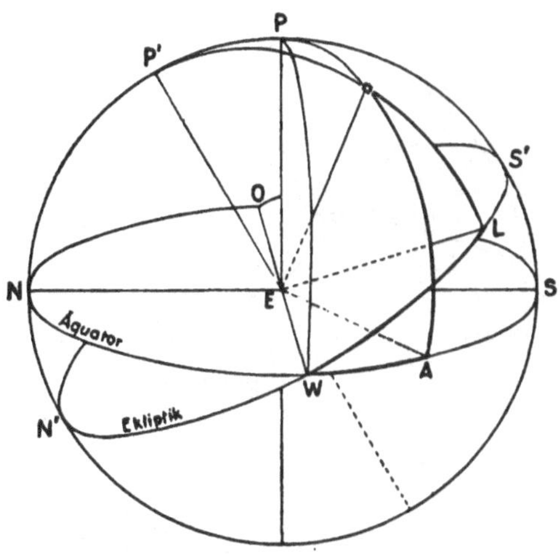

Fig. 2.

Nord aufsteigt, ist der **Frühlingspunkt**. Durch das Gestirn * geht der Meridian $P{*}A$ und der Winkel WEA (oder der Bogen WA) ist die Rektaszension α des Sterns. Der Winkel $*EA$ oder der Bogen $*A$ ist die Deklination δ.

Die Ergänzung der Deklination δ zu 90 Grad ist die **Poldistanz** $z = 90^\circ - \delta = P*$.

3. Das Koordinatensystem der Ekliptik: Länge und Breite.

Die Ekliptik $N'WS'$ (Fig. 2) schneidet den Äquator im Frühlingspunkt W und in dem Herbstpunkt O; ihr Pol ist P'.

Der Kreis $P'{*}L$ entspricht dem Meridian und der Bogen WL ist die **Länge** des Sterns λ. Der Bogen $*L$, der der Deklination entspricht, ist die **Breite** β des Sterns.

Dieses Koordinatensystem der Längen und Breiten wurde im Altertum allgemein benutzt, obwohl die Messung in diesem System viel umständlicher ist als in dem jetzt allgemein gebräuchlichen System von Rektaszension und Deklination.

Der Winkel zwischen den Ebenen von Äquator und Ekliptik heißt die **Schiefe der Ekliptik** und wird mit ε bezeichnet.

4. Das Koordinatensystem des Horizontes: Azimut und Höhe.

Das Koordinatensystem von Höhe und Azimut ist das am leichtesten verständliche.

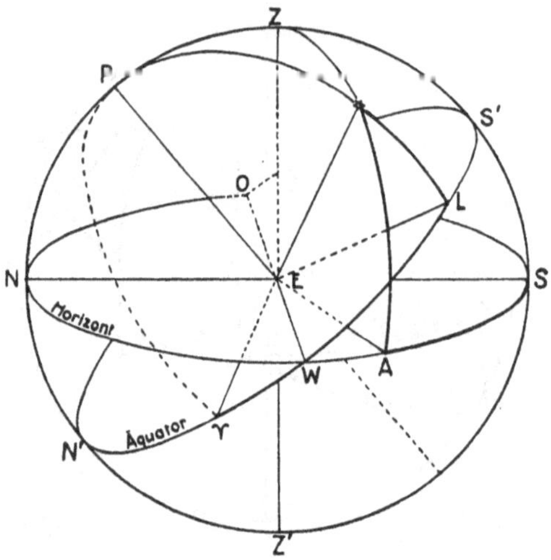

Fig. 3.

In Fig. 3 sei *NWS* der Horizont, *Z* das Zenit, *E* der Ort des Beobachters. *N* ist der Nordpunkt, *S* der Südpunkt des Horizontes. Daher ist der Bogen *NZS* der Meridian des Beobachters in *E*.

Eine durch Zenit *Z* und den Stern * senkrecht zum Horizont gelegte Ebene schneidet die Sphäre in dem Vertikalkreis *Z*A* mit dem Fußpunkt *A* im Horizont. Der Winkel zwischen Meridianebene und Vertikalebene *SEA* (oder der Bogen *SA* im Horizont) ist das Azimut des Sterns.

Das Azimut wird von Süd über Ost und Süd über West bis 180 Grad gezählt. Der Ostpunkt *O* hat das Azimut 90 Grad Ost, der Westpunkt *W* das Azimut 90 Grad West. Bezeichnet wird das Azimut mit *A*.

Der Winkel **EA* oder der im Vertikalkreis gemessene Bogen **A* ist die Höhe des Sterns; sie wird mit *h* bezeichnet.

Legt man durch den Stern eine zum Horizont parallele Ebene, so schneidet sie die Sphäre in einem Kreis, der alle Gestirne von der gleichen Höhe *h* enthält. Diese Kreise heißen Almukantarate oder Horizontalkreise.

Fig. 4 stellt den Meridianschnitt durch die in *E* befindliche Erde von Fig. 3 dar. Der Beobachter befindet sich in *E* und *E'EZ* ist die Richtung nach dem Zenit. *N'S'* ist die Schnittlinie mit der Äquatorebene. Nach Absatz II 1 ist der Winkel *S'E'Z* die geographische Breite φ.

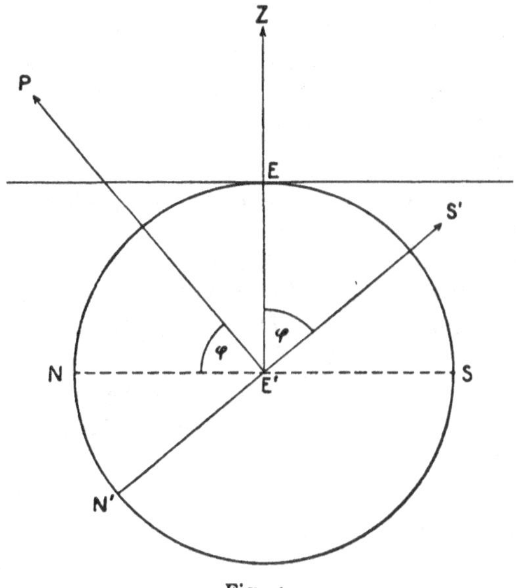

Fig. 4.

Für die unendlich große Entfernung der Gestirne wird die durch *E* gelegte Horizontlinie mit der Parallelen durch *E'* identisch. Aus Fig. 4 folgt:

$$\begin{aligned} \text{Winkel } S'E'Z + ZE'P &= 90^\circ \\ \text{,, } NE'P + ZE'P &= 90^\circ \\ \text{also ,, } S'E'Z &= NE'P = \varphi. \end{aligned}$$

Auf Fig. 3 übertragen haben wir daher

$$\text{Bogen } S'Z = \varphi$$
$$\text{Bogen } NP = \varphi.$$

Ersterer Bogen ist die Deklination des Zenits, d. h. Gestirne, deren Deklination δ gleich der geograph. Breite φ des Ortes ist, gehen durch das Zenit.

Bogen NP ist die Höhe des Poles über dem Horizont. φ trägt daher auch die Bezeichnung »Polhöhe«.

III. Erscheinungen der täglichen Bewegung der Sterne.

1. Aufgang und Untergang.

Die Erscheinungen der täglichen Bewegung der Sterne lassen sich an Fig. 3 vollständig erläutern.

Die tägliche Bewegung der Gestirne kommt dadurch zustande, daß die Erde E von P aus gesehen, entgegen dem Uhrzeiger rotiert. Die scheinbare Bewegung des Himmels erfolgt daher im Sinne des Uhrzeigers.

Ein Gestirn, das im Äquator steht, geht im Ostpunkt O auf und im Westpunkt W unter.

Steht das Gestirn nördlich des Äquators (Deklination positiv), so erfolgt seine scheinbare Bewegung in einem Kreise, der nördlich vom Äquator diesem parallel verläuft. Das Gestirn geht dann zwischen Ostpunkt O und Nordpunkt N des Horizontes auf und zwischen dem Westpunkt W und Nordpunkt N des Horizontes unter; dabei erreicht es im Meridian eine größere Höhe als SS'.

Südlich des Äquators stehende Sterne gehen zwischen O und S auf und zwischen W und S unter; sie erreichen im Meridian eine Höhe, die kleiner als SS' ist.

Das Azimut des Aufganges, von Süd über Ost gezählt, ist gleich dem Azimut des Unterganges, von Süd über West gezählt.

Statt Azimut des Aufganges oder Unterganges werden oft die Morgenweiten oder Abendweiten gebraucht. Morgenweite ist der Abstand des Aufgangspunktes vom Ostpunkt, gemessen im Horizont, Abendweite der Abstand des Untergangspunktes vom Westpunkt, gemessen im Horizont.

2. Meridiandurchgang (Kulmination).

Die größte Höhe über dem Horizont erreicht jedes Gestirn beim Durchgang durch den Meridian (Kulmination).

Steht ein Gestirn so weit südlich des Äquators, daß es seine größte Höhe eben im Südpunkt S erreicht, so bleibt es für den Erdort dauernd unsichtbar. Die Bedingung dafür läßt sich aus Fig. 3 leicht ableiten. Nach II 4 ist der Bogen $ZS' = \varphi$ (geograph. Breite); mithin ist der Bogen $SS' = 90^\circ - \varphi$. Algebraisch ausgedrückt, heißt das:

δ kleiner als $\varphi - 90^\circ$ (oder südlicher als $\varphi - 90^\circ$): Stern dauernd unsichtbar.

Aus Fig. 3 ist weiter folgendes ersichtlich: Ein Stern, der im Äquator steht, erreicht in N' seine größte Höhe unter dem Horizont. Der Bogen NN' ist gleich SS', also ebenfalls $90^\circ - \varphi$. Ein Stern mit der nördlichen Deklination $90^\circ - \varphi$ wird also gerade im Nordpunkt den Horizont berühren, nördlicher stehende Sterne werden mithin nicht mehr untergehen. Alle diese Sterne sind jede Nacht sichtbar und heißen Zirkumpolarsterne. In Formeln haben wir also:

δ zwischen $\varphi - 90^\circ$ und $90^\circ - \varphi$: Sterne gehen auf und unter.
δ größer als $90^\circ - \varphi$: Sterne sind zirkumpolar (dauernd sichtbar).
δ kleiner als $\varphi - 90^\circ$: dauernd unsichtbar.

Zirkumpolarsterne gehen täglich zweimal durch den Meridian, einmal südlich des Poles (obere Kulmination), das zweite Mal nördlich des Poles (untere Kulmination).

3. Die Veränderungen in den Erscheinungen der täglichen Bewegung bei Änderung der geographischen Breite.

Das Bild der scheinbaren täglichen Bewegung der Gestirne verändert sich je nach der Lage von P, d. h. nach der geographischen Breite des Ortes.

Am Nordpol fallen, weil $\varphi = 90^\circ$ ist, Zenit und Pol zusammen. Es sind hier nur die Sterne des nördlichen Sternhimmels sichtbar, die in ständig gleichbleibender Höhe um den Scheitelpunkt kreisen.

Am Äquator fällt, weil hier $\varphi = 0^\circ$ ist, der Pol P in den Nordpunkt des Horizontes. Die Gestirne steigen steil im Ost empor und gehen ebenso steil im West zur Neige. Am Äquator werden alle Sterne des nördlichen und südlichen Himmels sichtbar.

In mittleren Breiten ist, wie bereits unter 2 geschildert wurde, außer dem nördlichen Himmel ein Teil des Südhimmels sichtbar.

4. Der Stundenwinkel.

Die Erde dreht sich in 24 Stunden (vgl. später bei Sternzeit) einmal um ihre Achse. Diese gleichförmig erfolgende Bewegung kann mit Hilfe der Gestirne zur Messung der Zeit verwendet werden. (Genaueres über das »Wie« folgt später.)

Ein Stern des Äquators geht im Ostpunkt auf. 6 Stunden später geht er durch den Meridian, 12 Stunden später im Westpunkt unter. Für die Zeitbestimmung maßgebend ist also der Winkel, den der Meridian des Sterns mit dem Ortsmeridian bildet.

In Fig. 3 ist PZS' der Meridian des Ortes, PL der Meridian eines Äquatorsterns L. Der sphärische Winkel LPS' oder der Bogen LS' ist der Stundenwinkel des Sterns.

Da alle Sterne, die in dem Meridian des Sterns L liegen, den gleichen Stundenwinkel besitzen, wird dieser Meridian auch Stundenkreis genannt.

Bei einer Umdrehung der Erde führt der Stundenkreis ebenfalls eine scheinbare volle Umdrehung von 360 Grad aus. Verwandelt man Grad in Zeit, indem 1 Stunde = 15 Grad gesetzt werden, so gibt der Stundenwinkel eines Sternes ein Maß für die Zeit.

Der Stundenwinkel wird allgemein mit t bezeichnet (tempus).

Ein besonders häufig gebrauchter Stundenwinkel ist der Stundenwinkel des Aufganges oder Unterganges. Da Aufgang und Untergang symmetrisch zum Meridian liegen, sind ihre vom Meridian aus gezählten Stundenwinkel gleich. Der genannte Stundenwinkel, in Zeit ausgedrückt, gibt die halbe Sichtbarkeitsdauer des Sterns an; er heißt halber Tagbogen und wird meist mit t_0 bezeichnet.

Ist die Zeit T des Meridiandurchganges eines Gestirns bekannt, so gibt t_0 sofort die Zeiten von Aufgang und Untergang an:

Zeit des Aufganges = Zeit des Meridiandurchganges minus halber Tagbogen = $T - t_0$.

Zeit des Unterganges = Zeit des Meridiandurchganges plus halber Tagbogen = $T + t_0$.

Am Äquator ist der halbe Tagbogen für alle Gestirne 90 Grad oder 6 Stunden.

Der halbe Tagbogen t_0 ergibt sich aus der Formel

$$\cos t_0 = -\operatorname{tg}\delta \operatorname{tg}\varphi.$$

IV. Erscheinungen der täglichen Bewegung der Sonne.

1. Aufgang und Untergang der Sonne.

Die Erscheinungen der täglichen Bewegung der Sonne lassen sich an Fig. 3 erläutern; sie sind etwas komplizierter, weil die Sonne teils nördlich, teils südlich des Äquators steht.

Beim Frühlingsäquinoktium steht die Sonne im Äquator. Sie geht an diesem Tage für alle Punkte der Erde um 6 Uhr morgens im Ostpunkt auf und um 6 Uhr abends im Westpunkt des Horizontes unter. Eine Ausnahme bilden nur die beiden Pole. Am Nordpol wird sie an diesem Tage für ein halbes Jahr sichtbar, am Südpol unsichtbar.

Je weiter sich die Sonne nördlich über den Äquator erhebt, um so größer wird für die nördliche Halbkugel der Erde ihr halber Tagbogen. Die Sonne geht immer früher auf und immer später unter, wobei die Punkte des Aufganges und Unterganges sich im Horizont vom Ostpunkt bzw. Westpunkt nordwärts verschieben.

Im Sommersolstizium erlangt der Tagbogen der Sonne seinen größten Wert. Die Länge des Tages erreicht ihr Maximum und die Lage der Punkte von Aufgang und Untergang ihren nördlichsten Wert.

In den folgenden Monaten wiederholen sich die Erscheinungen in umgekehrter Folge, bis mit dem Eintreten des Herbstäquinoktiums der Zustand der Frühlingsäquinoktium wieder erreicht ist.

Von nun an sinkt der halbe Tagbogen der Sonne unter 6 Stunden; die Sonne geht erst nach 6 Uhr morgens auf und schon vor 6 Uhr abends unter; ihre Aufgangs- und Untergangspunkte liegen zwischen Ost und Süd, bzw. zwischen West und Süd. Das für die nördliche Halbkugel ungünstigste Extrem wird mit dem Wintersolstizium erreicht.

Der hier geschilderte Verlauf der Erscheinungen gilt für mittlere Breiten, nicht aber für die Extremfälle von Äquator und Pol. Am Äquator geht die Sonne das ganze Jahr hindurch früh um 6 Uhr auf und abends um 6 Uhr unter. Am Pol geht sie nur einmal auf und unter und bleibt ein halbes Jahr sichtbar, das andere halbe Jahr unsichtbar. An Orten zwischen dem Polarkreis und dem Pol geht die Sonne im Sommer eine Reihe von Tagen nicht unter, im Winter nicht auf.

2. Meridiandurchgang der Sonne.

Der Augenblick des Meridiandurchganges der Sonne gibt die Zeit des wahren Mittags an. Die weitere Behandlung dieser für die Zeitzählung grundlegenden Erscheinung erfolgt in Abschnitt VI 2.

3. Die Dämmerung.

Die Erhellung der Atmosphäre durch die vor Sonnenaufgang und nach Sonnenuntergang einfallenden Sonnenstrahlen bewirkt eine Verlängerung des Tageslichtes durch die Dämmerung.

Steht die Sonne 6.5 Grad unter dem Horizont, so sind eben die hellsten Planeten am Himmel zu erkennen. Dieser Augenblick bezeichnet den Beginn der bürgerlichen Dämmerung am Morgen und ihr Ende am Abend.

Steht die Sonne 16 Grad unter dem Horizont, so ist die Grenze für völlige Dunkelheit erreicht. Dieser Augenblick bezeichnet den Anfang der astronomischen Dämmerung am Morgen und ihr Ende am Abend.

Die Dämmerung ist im Winter allgemein kürzer als im Sommer. Die kürzeste Dämmerung überhaupt haben die Orte in der Nähe des Äquators. Dort dauert die bürgerliche Dämmerung 25 Minuten, die astronomische weitere 35 Minuten. Die längsten Dämmerungen hat der Pol. Am Nordpol beginnt die astronomische Dämmerung Anfang Februar; Ende Februar wird sie durch die helle bürgerliche Dämmerung abgelöst. Die Polar»nacht« ist daher eigentlich nur von Mitte Oktober bis Ende Februar zu rechnen.

In den Breiten nördlich von 50 Grad tritt der Fall ein, daß im Sommer die Sonne nicht mehr so tief unter dem Horizont sinkt, wie es die Dämmerungsgrenzen verlangen. In Norddeutschland geht im Juni die astronomische Dämmerung des Abends in die des Morgens über, der Nordhimmel bleibt die ganze Nacht merklich hell. In 60 Grad Breite (Stockholm) herrscht am 21. Juni die ganze Nacht hindurch bürgerliche Dämmerung. Je weiter man nach Norden geht, um so auffälliger werden die Dämmerungserscheinungen.

V. Die jährliche Bewegung der Sonne am Sternhimmel.

1. Jährliche Aufgänge und Untergänge von Sternen.

Die Sonne hat keine feste Stellung am Himmel, sondern sie bewegt sich im Laufe des Jahres durch die Ekliptik. Die Gestirne, mit denen sie tagsüber den Himmel geht, bleiben unsichtbar und erscheinen erst, wenn die Sonne von ihnen fortgewandert ist.

Die Verhältnisse lassen sich am leichtesten an dem Beispiel eines Ekliptikalsterns, Regulus, erläutern.

Regulus kulminiert am 22. August zugleich mit der Sonne, ist daher unsichtbar. Im September hat sich die Sonne so weit ostwärts von ihm entfernt, daß er früh in der Morgendämmerung im Osten sichtbar wird.

Der Aufgang des Regulus verfrüht sich jeden Tag um rund 4 Minuten; im Spätwinter ist er die ganze Nacht sichtbar. In der Folge fällt sein Aufgang schon auf die Tagesstunden und er ist im Frühjahr nur noch in der ersten Hälfte der Nacht sichtbar. Im Juli geht er kurz nach der Sonne in der Abenddämmerung unter, um am 22. August wieder mit ihr zugleich zu kulminieren.

Die Bewegung der Sonne unter den Sternen führt also zu einer beständigen Verschiebung des sichtbaren Sternhimmels. Gestirne, die im Sommer sichtbar sind, bleiben im Winter unsichtbar und umgekehrt.

Die hier an dem Beispiel des Regulus kurz beschriebenen Erscheinungen der jährlichen Aufgänge und Untergänge der Gestirne spielten im Altertum eine sehr große Rolle. Es sind:

der heliakische Aufgang: erster sichtbarer Aufgang in der Morgendämmerung,

der heliakische Untergang: der letzte sichtbare Untergang in der Abenddämmerung,

der scheinbare akronychische Aufgang: letzter sichtbarer Aufgang in der Abenddämmerung,

der scheinbare kosmische Untergang: der erste sichtbare Untergang in der Morgendämmerung.

Eine ganz ausführliche Darstellung dieser Erscheinungen mit einem vollständigen Beispiel für Sirius enthält der erste Abschnitt des Paragraphen 17 des Praktischen Teiles, worauf hier verwiesen sei.

2. Äquinoktien und Solstizien.

Die Äquinoktien und Solstizien bezeichnen die vier charakteristischen Punkte der scheinbaren Sonnenbahn, nämlich:

Sonnenlänge	0°	Frühlingsäquinoktium,
	90	Sommersolstizium,
	180	Herbstäquinoktium,
	270	Wintersolstizium.

VI. Die Bewegung der Erde in ihrer Bahn um die Sonne.

1. Das Sonnenjahr.

Die Bewegung der Sonne um die Erde ist nur das Spiegelbild der eigentlichen Bewegung der Erde.

In Fig. 5 sei *S* die Sonne, der Kreis um *S* die Erdbahn und *F* der Ort eines Fixsterns; der Umlauf der Erde um die Sonne vollzieht sich in der Richtung des Pfeiles.

Der Stern F steht von der Erde in E aus gesehen in gleicher Richtung mit der Sonne; weil der Stern unendlich weit entfernt ist, so ist diese Richtung im Raume fest. Die Erde vollführt also einen vollen Umlauf, wenn sie von E ausgehend, wieder in die gleiche Stellung ESF zurück-

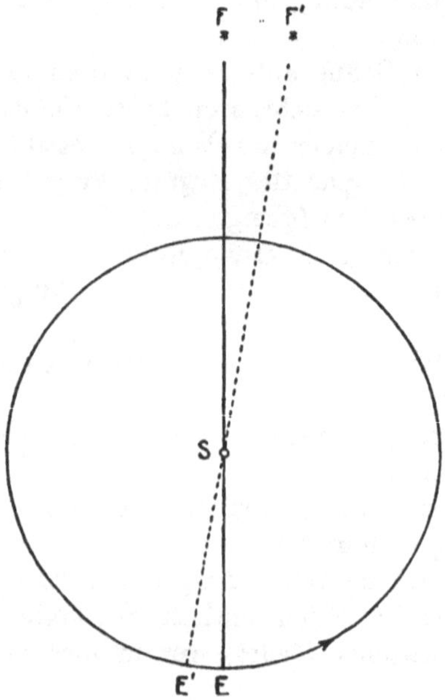

Fig. 5.

kehrt. Die Zeit dieses vollen Umlaufes heißt das siderische Jahr; es zählt 365.2564 Tage.

Wir setzen nun nach F an Stelle eines Sterns den Frühlingspunkt, von dem aus in der Ekliptik die Längen gezählt werden. Von E aus gesehen, steht die Sonne im Frühlingspunkt F, sie hat die Länge 0 Grad. Im Laufe eines Jahres verschiebt sich der Frühlingspunkt infolge der Präzession ein Stück in der Richtung abnehmender Längen nach F'. Folglich erscheint die Sonne von der Erde aus wieder im Frühlingspunkt schon eher, als nach einem vollen Umlauf, nämlich in E'. Die Zeit, welche die Sonne gebraucht, um wieder die gleiche Länge zu erreichen, heißt tropisches Jahr und ist kürzer als das siderische Jahr.

Die Präzession beträgt 50.2 Bogensekunden; das ist die Größe des Bogens $E'E$. Den vollen Umlauf, 360 Grad oder 1296 000 Bogensekunden vollführt die Erde in dem siderischen Jahr 365.2564 Tagen. Sie durchläuft also den Bogen $E'E$ in

$$\frac{50.2 \times 365.2564}{1296000} = 0.0142 \text{ Tagen}$$

und um so viel ist das tropische Jahr kürzer als das siderische; es beträgt 365.2422 Tage.

Die Erde bewegt sich ferner in einer Ellipse um die Sonne, also mit ungleichförmiger Geschwindigkeit. Ihre Bewegung ist zur Zeit der Sonnennähe (Perihel oder Perigäum) am größten, in der Sonnenferne (Aphel oder Apogäum) am kleinsten. Die Verbindungslinie Perihel-Aphel (Apsidenlinie) dreht sich langsam im Sinne wachsender Längen, also in dem Sinne der Erdbewegung. Infolgedessen erreicht die Erde den nämlichen Punkt der Apsidenlinie erst nach mehr als einem vollen Umlauf. Dieses anomalistische Jahr zählt 365.2596 Tage.

2. Sonnentag und Sterntag.

Die Ungleichförmigkeit der Bahngeschwindigkeit der Erde verrät sich in der Ungleichheit des wahren Sonnentages, der Zeit zwischen zwei aufeinanderfolgenden Kulminationen der Sonne; eine weitere Ungleichheit kommt dadurch zustande, daß die Sonne sich in der Ekliptik bewegt und nicht im Äquator. Ihre Bahn schneidet die Meridiane unter Winkeln, die zwischen $+\varepsilon$ und $-\varepsilon$ schwanken.

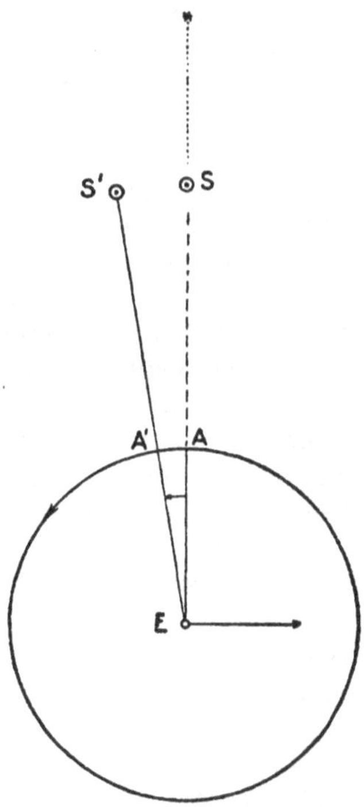

Fig. 6.

Ein Beobachter auf der Erde in A (Fig. 6) beobachtet an einem Tage die Sonne S und den Stern * gleichzeitig im Meridian $EA*$. Die Erde rotiert um ihre Achse in dem von dem Pfeil auf dem Kreis angegebenen Sinne und bewegt sich gleichzeitig in der Richtung des Pfeiles durch E in ihrer Bahn weiter.

Tritt nach einer vollen Umdrehung der Erde wieder die Ausgangsstellung $EA*$ ein, so beobachtet der Beobachter in A wieder die Kulmination des Sterns, dessen Richtung ja wegen seiner unendlich großen Entfernung im Raume unveränderlich ist.

Die Sonne befindet sich aber in endlicher Entfernung und muß daher dem Beobachter nun in S' in dem entgegengesetzten Sinne zur Erdbewegung verschoben erscheinen. Diese Verschiebung ist bei langsamer Bewegung der Erde (Sonnenferne) kleiner als bei schneller (Sonnennähe). Die Erde muß also außer einer vollen Umdrehung noch eine im Laufe des Jahres verschieden große Zusatzdrehung ausführen, damit die Sonne wieder in den Meridian gelangt.

Daraus folgen zwei wichtige Folgerungen:

1. Die Zeit zwischen zwei aufeinanderfolgenden Kulminationen der Sonne, der wahre Sonnentag, ist nicht konstant, sondern erfährt im Laufe des Jahres gesetzmäßige Schwankungen.

2. Die volle Umdrehung der Erde wird gemessen als die Zeit zwischen zwei aufeinanderfolgenden Kulminationen des gleichen Sterns. Dieses Zeitintervall, der Sterntag, ist ein konstantes Maß der Zeit, weil die Rotation der Erde ja gleichförmig ist.

Der Sterntag ist, wie wir sehen, kürzer als der Sonnentag.

An Stelle des veränderlichen wahren Sonnentages wird nun ein mittlerer Sonnentag von konstanter Länge eingeführt. Es wird eine fingierte mittlere Sonne definiert, die sich gleichförmig im Äquator bewegt und deren Rektaszension gegeben ist durch:

Rektaszension der mittleren Sonne gleich mittlere Länge (Bahnelement) der wahren Sonne.

Die Zeit zwischen zwei Kulminationen dieser fingierten Sonne ist der mittlere Sonnentag, der nun gleichförmig ist.

Die Beziehung zwischen dem wahren und dem mittleren Mittag wird durch die Zeitgleichung gegeben:

Zeitgleichung gleich Rektaszension der mittleren Sonne minus Rektaszension der wahren Sonne.

Mittlerer Mittag gleich wahrer Mittag plus Zeitgleichung.

Die Beziehung zwischen Sterntag und Sonnentag können wir aus der Figur 6 ableiten.

An Stelle des Sterns * setzen wir den Frühlingspunkt; mit der Kulmination des Frühlingspunktes beginnt nämlich, wie im folgenden Absatz gesagt wird, der Sterntag.

Die Erde kehrt nach 365.2422 mittleren Sonnentagen = 1 tropisches Jahr in die in Figur 5 gezeichnete Stellung zum Frühlingspunkt zurück. Bei jedem Sonnentag muß, wie vorher gezeigt wurde, die Erde außer einer vollen Umdrehung noch eine kleine Zusatzdrehung ausführen. Diese Zusatzdrehungen summieren sich bei einem vollen Umlauf der Erde um die Sonne gerade zu einer vollen Umdrehung um ihre Achse auf. Da nun eine volle Umdrehung dem Sterntag entspricht, so haben wir einfach

1 Sonnenjahr = 365.2422 mittlere Sonnentage = 366.2422 Sterntage

oder

$$1 \text{ Sterntag} = 0.9972696 \text{ mittl. Sonnentage} = 23^{\text{h}}\,56^{\text{m}}\,4^{\text{s}}.091.$$

3. Sonnenzeit und Sternzeit.

Der Sterntag ist die Zeit, welche die Erde zu einer vollen Umdrehung braucht. Er wird in 24 Stunden geteilt, nach denen die Sternzeit gerechnet wird. Die Sternzeit wird allgemein mit ϑ bezeichnet.

Die einfachste Definition der Sternzeit ist: Sternzeit ist die Rektaszension des kulminierenden Meridians.

Die Rektaszensionen werden vom Frühlingspunkt aus gezählt. Der Sterntag beginnt also mit 0 Uhr bei Kulmination des Frühlingspunktes.

Um 1 Uhr Sternzeit hat sich die Erde um $^1/_{24}$ von 360 Grad, also um 15 Grad weiter gedreht; jetzt kulminiert der Stundenkreis 15 Grad oder 1 Uhr und der Frühlingspunkt ist um den Stundenwinkel 15 Grad nach Westen gerückt. Damit haben wir die allgemeinere Definition der Sternzeit: Sternzeit ist der westliche Stundenwinkel des Frühlingspunktes. Mit dieser Definition folgt aus Fig. 3 eine oft gebrauchte Relation.

In Fig. 3 ist der Frühlingspunkt mit Υ angegeben. Es folgt aus der Figur:

$$\Upsilon S' = \text{Stundenwinkel des Frühlingspunktes} = \vartheta$$
$$\Upsilon L = \text{Rektaszension } \alpha \text{ des Sterns } *$$
$$LS' = \text{Stundenwinkel } t \text{ des Sterns } *$$

also
$$\vartheta = \alpha + t.$$

In genau gleicher Weise wie für Sternzeit gilt:

Mittlere Sonnenzeit gleich Stundenwinkel der mittleren Sonne.
(wahre) (wahren)

Die Beziehung zwischen Sternzeit und Sonnenzeit wird durch die mittlere Sonne gegeben. Die Kulmination der mittleren Sonne bezeichnet den mittleren Mittag; Sternzeit ist die Rektaszension des kulminierenden Gestirns, also

Sternzeit im mittleren Mittag gleich Rektaszension der mittleren Sonne.

Die Sternzeit im mittleren Mittag wird mit ϑ_0 bezeichnet.

VII. Die scheinbare Bewegung der Planeten.

1. Die äußeren Planeten Mars, Jupiter und Saturn.

Die Bewegung der äußeren Planeten ist am einfachsten zu übersehen. In großen Zügen ist der Verlauf der Erscheinungen derselbe wie bei den Sternen.

Wir gehen von dem Augenblick aus, in dem der Planet zugleich mit der Sonne kulminiert. Der Planet ist in Konjunktion (☌) mit der Sonne und unsichtbar.

Nach einigen Wochen hat sich die Sonne soweit von dem Planeten nach Osten entfernt, daß er morgens früh kurz sichtbar wird. Der Zeitraum zwischen Konjunktion mit der Sonne und Wiederauftauchen im Osten ist um so größer, je größer die eigene Bewegung des Planeten ist;

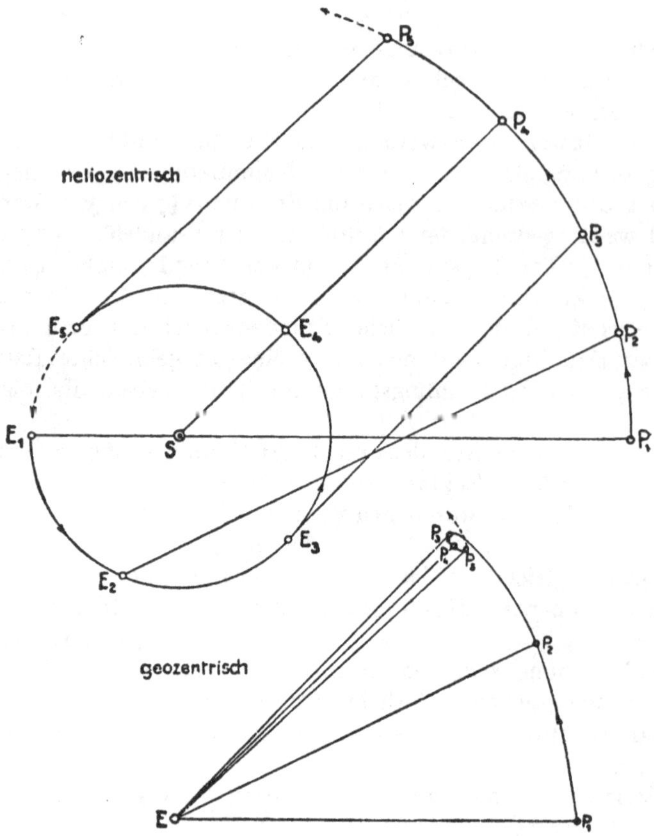

Fig. 7.

die Sonne überholt die langsam bewegten Planeten Jupiter und Saturn viel schneller als den rasch bewegten Mars.

Im Anfang seiner Erscheinung ist der Planet nur nach Mitternacht sichtbar; seine günstigste Sichtbarkeit erreicht er, wenn er um Mitternacht kulminiert (Opposition ☍ zur Sonne); in der Opposition steht er zugleich der Erde am nächsten und ist daher am hellsten.

Nach der Opposition verschiebt sich die Sichtbarkeit des Planeten immer mehr auf die Abendstunden, bis mit seinem Verschwinden in der Abenddämmerung die Erscheinung abschließt.

Der Zeitraum zwischen zwei Konjunktionen mit der Sonne und damit die Zeitdauer einer vollen Erscheinung ist um so länger, je rascher der Planet sich bewegt. Er beträgt im Mittel

bei Saturn	380	Tage
Jupiter	400	„
Mars	780	„

Eine besondere Eigentümlichkeit des scheinbaren Laufes ist die Schleifenbildung der Planeten.

Die Schleifenbildung wird durch Fig. 7 veranschaulicht. E_1 und P_1 sind die Stellungen von Erde und Planet bei der Konjunktion mit der Sonne. Hier wie bei E_2 und P_2 sind die wahren Bewegungen beider Körper einander entgegengerichtet; die scheinbare Bewegung von P ist ostwärts gerichtet und erscheint infolge der relativ entgegengesetzten Richtung der Erdbewegung vergrößert. Bei E_3 und P_3 läuft die Erde in der Richtung der Tangente an ihre Bahn direkt auf den Planeten zu und dieser erscheint jetzt ohne Bewegung. In E_4 und P_4 (Opposition) überholt die schneller laufende Erde den Planeten, dessen scheinbare Bewegung daher nun stark westwärts geht. Nach der Opposition E_4P_4 verlaufen die Erscheinungen nun wieder in umgekehrtem Sinn und wir haben folgendes Bild:

Der Planet ist nach der Konjunktion mit der Sonne rechtläufig, d. h. er bewegt sich nach Osten. Die Schnelligkeit der Bewegung nimmt ständig ab, bis an einem Punkt der Planet stationär wird. Jetzt kehrt seine scheinbare Bewegung um und richtet sich nach Westen; der Planet wird rückläufig. Diese rückläufige Bewegung ist am stärksten in der Opposition. Nach der Opposition wird sie wieder langsamer, bis an einem Punkte der Planet zum zweitenmal stationär wird. Die Bewegung wird nun wieder rechtläufig und bleibt es bis zum Ende der Erscheinung.

Die Schleife ist bei Saturn am kleinsten, bei Mars am größten.

2. Die inneren Planeten Merkur und Venus.

Die im folgenden nur für Venus gegebene Betrachtung gilt abgesehen von der Helligkeit in gleicher Weise für Merkur.

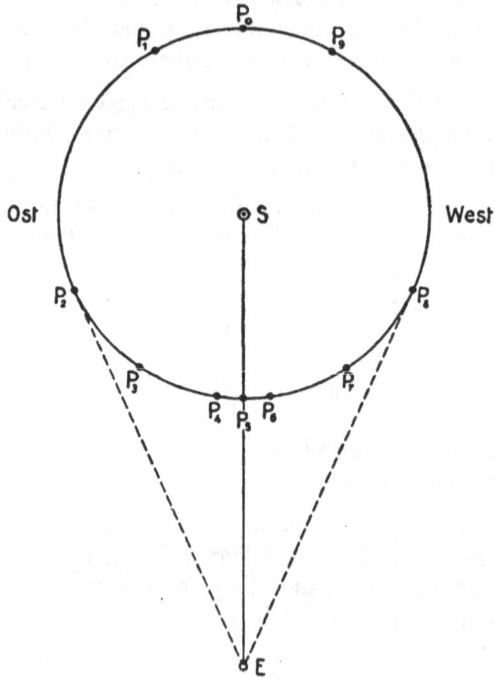

Fig. 8.

In Fig. 8 stellt S die Sonne, E die Erde dar; der Kreis um S ist die Bahn der Venus. Die Erde wird, um die Zeichnung nicht unnötig verwickelt zu machen, als feststehend angenommen.

Venus in P_0. Venus steht von der Erde aus gesehen hinter der Sonne und ist unsichtbar (Obere Konjunktion).

Venus in P_1. Venus hat sich soweit von der Sonne nach Osten entfernt, daß sie nach dieser untergeht und abends als Abendstern erscheint.

Venus in P_2. Venus erreicht als Abendstern ihren größten scheinbaren Abstand von der Sonne (Größte östliche Elongation). Ihre Sichtbarkeitsdauer ist jetzt am längsten.

Venus in P_3. Venus erscheint als Sichel im größten Glanz; ihr scheinbarer Abstand von der Sonne ist schon kleiner geworden.

Venus in P_4. Der scheinbare Abstand von der Sonne wird so klein, daß Venus als Abendstern verschwindet.

Venus in P_5. Venus steht von der Erde aus gesehen vor der Sonne und ist unsichtbar (Untere Konjunktion).

Venus in P_6. Venus hat sich in westlicher Richtung so weit von der Sonne entfernt, daß sie nun vor der Sonne aufgeht und als Morgenstern sichtbar wird.

Venus in P_7. Venus hat sich weiter von der Sonne entfernt und erscheint im größten Glanz.

Venus in P_8. Venus erreicht als Morgenstern ihren größten scheinbaren Abstand von der Sonne (Größte westliche Elongation).

Venus in P_9. Bei ständig abnehmender Helligkeit hat sich der Abstand der Venus von der Sonne so weit verringert, daß sie als Morgenstern unsichtbar wird.

Die Unsichtbarkeit zur Zeit der oberen Kulmination dauert viel länger als zur Zeit der unteren. Das Verschwinden der Venus als Abendstern und das Wiedererscheinen als Morgenstern spielen bei babylonischen Texten eine große Rolle (vgl. Kuglers Untersuchungen über Ammizaduga). Die Zeitdifferenz zwischen Verschwinden und Wiedererscheinen ist recht verschieden, je nach Jahreszeit und Stellung der Venus, und daher ein wichtiges Argument für Ermittelung des Jahres.

3. Konjunktionen von Planeten mit Sternen und miteinander.

Die Planeten gelangen infolge ihrer eigenen Bewegung in die Nähe von Ekliptikalsternen und solche Konjunktionen können für Datierungen sehr wertvoll sein.

Sehr wichtig sind Konjunktionen von Planeten miteinander. Darüber ist in § 12 I Näheres gesagt.

VIII. Erscheinungen der Mondbewegung.

1. Die Bewegung des Mondes in der Bahn.

Der Mond vollführt einen vollen Umlauf um die Erde in 27.32166 Tagen (siderischer Monat). Er gelangt nach dieser Zeit wieder in die nämliche Stellung zu einem bestimmten Stern.

Infolge der Präzession wird in dieser Zeit die Länge des Sterns etwas größer; der Mond erreicht also seine Ausgangslänge schon etwas früher als nach einem vollen Umlauf. Dieser periodische Monat, der dem tropischen Sonnenjahr entspricht, ist aber bei dem Mond nur 6 Sekunden kürzer als der siderische, weshalb man zwischen ihnen keinen Unterschied macht.

Um wieder in die gleiche Stellung zur Sonne zu gelangen, d. h. von einem Neumond zu dem folgenden, braucht der Mond längere Zeit. Wenn er nach 27.32166 Tagen seinen vollen Umlauf ausgeführt hat, so ist die Sonne in Länge ungefähr 27 Grad weitergewandert. Daher verfließen bis zur Rückkehr zur gleichen Stellung mit der Sonne 29.53059 Tage (synodischer Monat).

Die Mondbahn ist eine Ellipse. Der Punkt der Erdnähe heißt Perigäum, der um 180 Grad entfernte Punkt der Erdferne Apogäum. Die Apsidenlinie (Verbindungslinie Perigäum—Apogäum) wandert selbst im Sinne der Mondbewegung weiter. Daher ist die Zeit zwischen zwei aufeinanderfolgenden Durchgängen des Mondes durch Perigäum oder Apogäum größer als der siderische Monat. Sie beträgt 27.55460 Tage und heißt anomalistischer Monat.

Die Bewegung des Mondes geschieht in einer Ebene, die 5.1 Grad gegen die Ekliptik geneigt ist. Der Punkt, in dem die nordwärts aufsteigende Mondbahn die Ekliptik schneidet, heißt aufsteigender Knoten (auch Drachenkopf, Zeichen dafür ☊), der um 180 Grad davon entfernte Punkt absteigender Knoten (Drachenschwanz, Zeichen ☋).

Die Knoten laufen in 18.6 Jahren einmal um die ganze Ekliptik, und zwar im Sinne Ost-West, also der Bewegung des Mondes entgegen. Die Zeit zwischen zwei Durchgängen des Mondes durch den gleichen Knoten, der drakonitische Monat, ist daher kürzer als der siderische; er beträgt 27.21222 Tage.

2. Mondphasen.

Die eindrucksvollsten Erscheinungen der Mondbewegung sind die Mondphasen. Steht der Mond, von der Erde aus gesehen, in einer Richtung mit der Sonne, so findet Neumond statt. Nach einem Viertel des Umlaufes erscheint im ersten Viertel die westliche Mondhälfte erleuchtet. Nach einem halben Umlauf steht die Erde zwischen Sonne und Mond und es findet Vollmond statt. Nach drei Vierteln des Umlaufs tritt das letzte Viertel ein, in dem die östliche Mondseite erleuchtet ist. Neumond und Vollmond werden als Syzygien, erstes und letztes Viertel als Quadraturen bezeichnet.

Der zunehmende Mond ist bis zum ersten Viertel nur vor Mitternacht, der abnehmende nach dem letzten Viertel nur nach Mitternacht sichtbar. Zur Zeit des Vollmondes kulminiert der Mond um Mitternacht und ist die ganze Nacht sichtbar.

Die Zeit des Neumondes ist für die Zeitrechnung des Altertums von größter Bedeutung, indem der Monatsanfang nach dem Neumond bestimmt wurde. Da aber Neumond selbst nicht beobachtet werden kann, so wurde die erste Sichtbarkeit der neuen Sichel, das Neulicht, zur

Bestimmung des Monatsanfanges benutzt. Weniger gebräuchlich war die Beobachtung des Altlichtes, der letzten Sichtbarkeit der Sichel am Morgenhimmel vor Eintritt des Neumondes.

Die Mondphasen wiederholen sich, sobald der Mond die gleiche Stellung zu Erde und Sonne wiedererlangt; das geschieht nach 29.53059 Tagen = einem synodischen Monat. 235 synodische Monate sind nur 0.0873 Tage länger als 19 Sonnenjahre. Nach 19 Jahren wiederholen sich also die Mondphasen zu nahe gleichen Zeiten. Dieser Zyklus ist der bekannte Metonsche Mondzyklus.

3. Sonnen- und Mondfinsternisse.

Findet bei Knotenstellung des Mondes Neumond statt, so tritt eine Sonnenfinsternis ein. Unter den gleichen Bedingungen ereignet sich bei Vollmond eine Mondfinsternis.

Bei Sonnenfinsternissen sind zwei Fälle zu unterscheiden:

1. Mond in Erdnähe (Perigäum). Die Spitze des Schattenkegels trifft die Erde und die Finsternis wird total. Fig. 9 erläutert den Verlauf, wobei

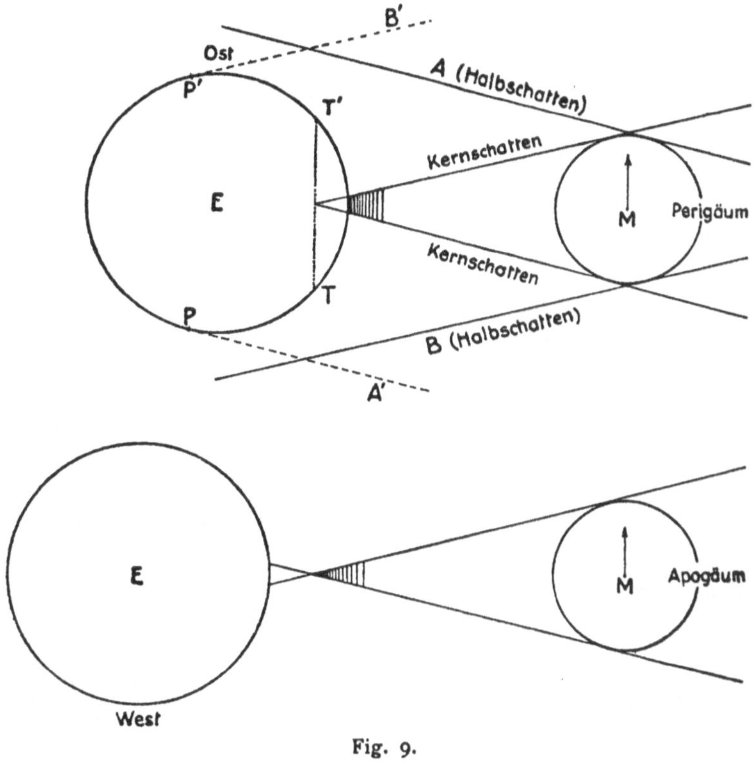

Fig. 9.

zu bedenken ist, daß die grob schematische Figur die Verhältnisse übertreibt. Die Figur ist so zu verstehen, daß der Beschauer vom Nordpol der Mondbahn auf die Ekliptik herabsieht. Der Mond bewegt sich in der Richtung des Pfeiles von West nach Ost.

Die Zeichnung stellt den Augenblick der Mitte der Finsternis dar. Die Finsternis beginnt, wenn die Kante *A'* des Halbschattenkegels die Erde zum erstenmal in *P* berührt; die Finsternis beginnt dort als partielle bei Sonnenaufgang. Der Kernschatten berührt die Erde zuerst in *T*; da hier nur die Spitze des Schattenkegels auftrifft, ist die F. dort nur einen Augenblick total. In der Mitte der F. ist die Zone der totalen Verfinsterung am breitesten und die Dauer der F. am längsten. Die letzte Berührung mit der Spitze des Schattenkegels erfolgt in *T'*, wo die Totalität endet. Der letzte Teil der F. ist nur partiell und mit der letzten Berührung der Kante *B'* des Halbschattens in *P'* endet die F. für die Erde.

2. Mond in Erdferne (Apogäum), Fig. 9 unten. Der Verlauf ist der gleiche, nur mit dem Unterschied, daß die Spitze des Schattenkegels die Erde nicht mehr erreicht; sie wird nur von der Schattenachse getroffen und in allen diesen Punkten erscheint die F. ringförmig.

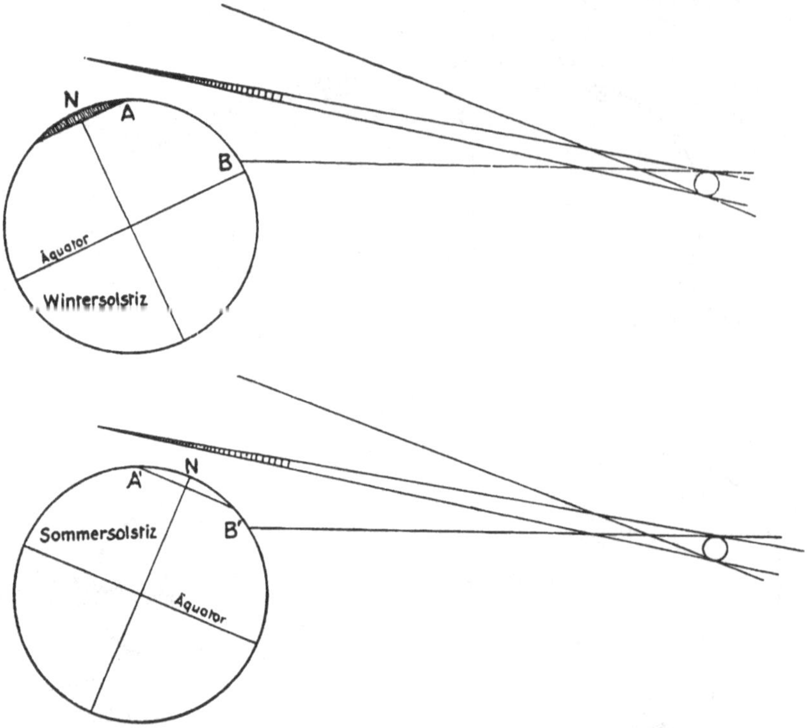

Fig. 10.

Als allgemein gültiges Bild ergibt sich aus beiden Fällen: Jede Sonnenfinsternis beginnt auf der Erde im Westen und endet im Osten. Die Bahn der Achse des Schattenkegels auf der Erde ist die Zentrallinie der Finsternis; zu beiden Seiten von ihr liegt die schmale Zone, in der die Finsternis total oder ringförmig ist. Finsternisse, bei denen die Schattenachse die Erde trifft, heißen zentrale Finsternisse.

Ein Spezialfall der zentralen F. ist die ringförmig-totale. Aus Fig. 9 läßt sich leicht erkennen, daß bei mittlerer Entfernung Erde-Mond die Spitze des Schattenkegels die Erde nur zur Zeit der Mitte der F. trifft. Dann beginnt die F. als ringförmige und wird nur in der Mitte der Zentrallinie für kurze Zeit total; sie endet wieder als ringförmige F.

Geht die Achse des Schattenkegels außerhalb der Erde vorbei (wenn der Mond nämlich nur in der Nähe des Knotens steht), so wird die F. auf der Erde nur partiell. Ein Vorbeigehen der Schattenachse an der Erde ist nur möglich, wenn die Schattenachse nördlich oder südlich an der Erde vorbeistreift. Partielle Finsternisse werden daher nur in höheren nördlichen oder südlichen Breiten bedeutend, können aber, wie die Figur 10 zeigt, auf der Winterhalbkugel der Erde bis zum Äquator herabgehen und daher in kleiner Phase auch in mittleren Breiten sichtbar sein.

Einen seltenen Ausnahmefall stellt die Sonnenfinsternis vom 19. Mai 1928 dar. Die Schattenachse trifft die Erde nicht, geht aber so nahe an ihr vorbei, daß die Erde noch in den Kernschatten eintaucht. Wir haben hier den Fall einer totalen F. ohne Zentralkurve; sie findet in hohen südlichen Breiten statt, wie die vorher besprochenen nur partiellen Finsternisse.

Bei Mondfinsternissen taucht der Mond, von West nach Ost gehend, in den Erdschatten ein. Daher wird zuerst der östliche Mondrand verfinstert und der Austritt erfolgt am Westrand. Eine Mondfinsternis ist auf der ganzen Erdhälfte sichtbar, für die der Mond über dem Horizont steht.

Die Größe einer Finsternis wird nach Zollen angegeben; 1 Zoll gleich ein Zwölftel des Sonnendurchmessers bzw. Monddurchmessers. Sonnenfinsternisse erreichen höchstens 12 Zoll; Mondfinsternisse werden, wenn sie total sind, auch größer, weil der Durchmesser des Schattenkegels der Erde größer ist als der Monddurchmesser. Eine ältere Zählweise ist die nach digiti (Teilen der Oberfläche). Vergleichende Tabelle für Zoll und digiti ist in Tafel E 78 gegeben.

Zyklen für Finsternisse.

Finsterniszyklen ergeben sich aus der Länge des drakonitischen und des synodischen Monats. Es sind

223 synodische Monate $+ 51^{m}\,21.89^{s} = 242$ drakonitischen Monaten. Dieser Zyklus von 18 Jahren 11 Tagen ist der bekannte Saros oder die chaldäische Periode.

Um die Brauchbarkeit des Saros für die Voraussage von Finsternissen zu erläutern, ist hier in der Tabelle auf S. 25 und der zugehörigen Fig. 11 ein vollständiger Saroszyklus, nach Oppolzers Kanon beliebig herausgegriffen, mitgeteilt. Die geographischen Koordinaten für die Punkte »Zentrale F. im Mittag« sind in der Figur in einer willkürlichen Projektion anschaulich dargestellt.

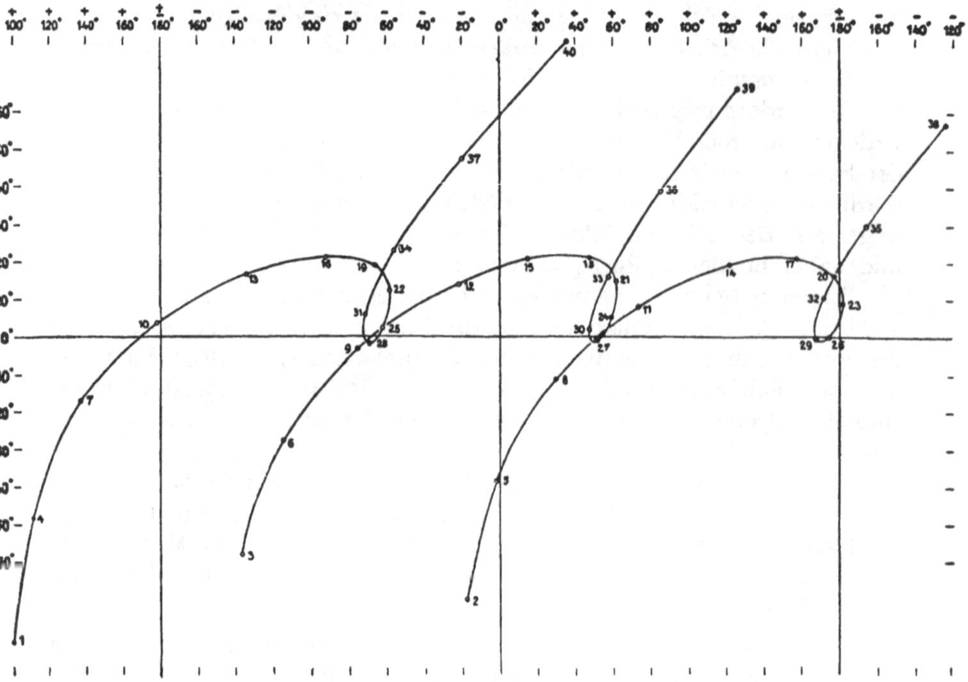

Fig. 11.

Der Zyklus beginnt, weil Mond im abst. Knoten, mit partiellen Finsternissen in hohen südlichen Breiten im Jahre —575. Die erste zentrale Finsternis —196 Febr. 1 fällt in das südliche Polargebiet. (Bei Mond im aufst. Knoten beginnt der Zyklus am Nordpol und endet am Südpol.) Bei jeder folgenden Finsternis verlagert sich die Zentralkurve weiter nach Norden, wobei zugleich eine Verschiebung von rund 120 Grad in Länge nach West erfolgt. Infolgedessen treten erst nach dem dreifachen Saros (54 Jahre und 1 Monat) für einen bestimmten Ort wieder nahe gleiche Verhältnisse ein, was besonders für die Mitte des Saroszyklus gilt; dort werden

Beispiel für einen vollständigen Saros-Zyklus.

Datum	Zentralität im Mittag	Nr.	Datum	Zentralität im Mittag	Nr.	Datum	Zentralität im Mittag
—575 Juni 17		1	—142 März 5	+100° —81°	25	+290 Nov. 19	— 63° + 2°
—557 29		2	—124 15	— 18 —70	26	+308 30	+174 0
—539 Juli 9		3	—106 26	—135 —59	27	+326 Dez. 11	+ 52 — 1
—521 20		4	— 88 April 6	+111 —48	28	+344 21	— 70 — 2
—503 31		5	— 70 17	— 2 —38	29	+363 Jan. 2	+169 — 1
—485 Aug. 11		6	— 52 27	—113 —28	30	+381 12	+ 49 + 2
—467 21	Finsternis	7	— 34 Mai 9	+137 —17	31	+399 23	— 70 + 5
—449 Sept. 2	partiell	8	— 16 19	+ 30 —11	32	+417 Febr. 3	+173 +10
—431 12	im	9	+ 2 30	— 76 — 3	33	+435 14	+ 58 +16
—413 23	südlichen	10	+ 20 Juni 10	+179 + 3	34	+453 24	— 55 +23
—395 Okt. 4	Polar-	11	+ 38 21	+ 74 + 8	35	+471 März 7	—166 +30
—377 15	gebiet	12	+ 56 Juli 1	— 30 +13	36	+489 18	+ 86 +39
—359 25	(bzw. in	13	+ 74 12	—134 +16	37	+507 29	— 20 +47
—341 Nov. 6	dessen	14	+ 92 23	+121 +19	38	+525 April 8	—124 +57
—323 16	Nähe)	15	+110 Aug. 3	+ 15 +20	39	+543 20	+135 +67
—305 28		16	+128 13	— 92 +21	40	+561 30	+ 36 +79
—287 Dez. 8		17	+146 25	+158 +21		+579 Mai 11	Polgebiet
—269 19		18	+164 Sept. 4	+ 47 +21		+597 21	Finsternis
—251 30		19	+182 15	— 66 +19		+615 Juni 2	partiell
—232 Jan. 10		20	+200 26	+178 +17		+633 12	im
—214 20		21	+218 Okt. 7	+ 61 +15		+651 23	nördlichen
—196 Febr. 1	Finsternis	22	+236 17	— 58 +12		+669 Juli 3	Polar-
—178 11	zentral im	23	+254 28	—179 + 9		+687 15	gebiet
—160 22	südl. Polar	24	+272 Nov. 8	+ 59 + 5		+705 25	
	gebiet						

Die Zahlen in der Spalte »Zentralität« sind geogr. Länge und Breite der Mitte der Zentralkurve. Die numerierten Finsternisse sind in Fig. 11 eingezeichnet.

Geographische Breite von Anfang, Mitte und Ende der Zentralkurve

Nr.	Anfang	Mitte	Ende	
10	—19°	+ 3°	—18°	Sommerfinsternisse, geringe Änderung der Breite
11	—10	+ 8	—18	
12	— 2	+13	—18	
18	+39	+21	—17	Herbstfinsternisse, steiler Verlauf Nordwest—Südost
19	+43	+19	—15	
20	+45	+17	+14	
27	+29	— 1	+10	Winterfinsternisse, geringe Änderung der Breite
28	+25	— 2	+15	
29	+21	— 1	+20	
34	+14	+23	+46	Frühlingsfinsternisse, steiler Verlauf Südwest—Nordost
35	+16	+30	+50	
36	+19	+39	+55	

Voraussagen am sichersten sein. Die Finsternisse verschieben sich immer weiter nach Norden und die letzte zentrale Finsternis des Zyklus erfolgt 579 Mai 11 im nördlichen Polargebiet. Dann folgen nur noch partielle Finsternisse in hohen Breiten und mit der letzten partiellen Finsternis +705 Juli 25 schließt der Zyklus.

Die unter der Tabelle für einige Finsternisse gemachten näheren Angaben über die Breiten von Anfang, Mitte und Ende der Zentralkurve auf der Erde sollen den typischen Unterschied der Finsternisse in verschiedenen Jahreszeiten erläutern. Während bei Finsternissen zur Zeit der Solstizien die Zentralkurven ungefähr den Breitenkreisen folgen, verlaufen die Kurven bei Finsternissen im Frühling steil in nordöstlichem Sinne, bei Finsternissen im Herbst in südöstlichem Sinne.

4. Konjunktionen des Mondes mit Planeten oder Sternen. Sternbedeckungen.

Auf seinem Laufe gelangt der Mond in die Nähe heller Sterne. Solche Konjunktionen wiederholen sich eine Zeitlang bei jedem Mondumlauf, jedoch mit einer zeitlichen Verschiebung, so daß sie nicht immer auf die Nachtstunden fallen; erst nach drei siderischen Monaten gleich 81.96 Tagen finden sie ungefähr wieder zu gleicher Stunde statt.

Über den chronologischen Wert solcher Konjunktionen ist in § 10 des praktischen Teiles Näheres einzusehen.

Seltene und sehr auffällige Konjunktionen des Mondes mit Sternen sind solche, bei denen der Mond den Stern bedeckt (Sternbedeckungen). Der Stern verschwindet am östlichen Mondrand und erscheint am Westrand wieder. Die Beobachtung von Eintritten oder Austritten am erleuchteten Mondrand ist ziemlich schwierig und unsicher. Meist werden, wenn überhaupt Beobachtungen dieser Art vorliegen, Eintritte am dunklen Rand des zunehmenden Mondes abends oder Austritte am dunklen Rand des abnehmenden Mondes am Morgen beobachtet worden sein.

IX. Der Tierkreis (Zodiakus) und die Präzession.

Die Ekliptik und die in ihr befindlichen Tierkreisbilder spielen im Altertum eine große Rolle. In den Tierkreisbildern haben wir wahrscheinlich die ältesten Sternbilder überhaupt zu erblicken.

Die Ekliptik wird in 12 »Zeichen« zu je 30 Grad geteilt:

0°	bis	30°	Widder	♈	180°	bis	210°	Wage	♎
30	„	60	Stier	♉	210	„	240	Skorpion	♏
60	„	90	Zwillinge	♊	240	„	270	Schütze	♐
90	„	120	Krebs	♋	270	„	300	Steinbock	♑
120	„	150	Löwe	♌	300	„	330	Wassermann	♒
150	„	180	Jungfrau	♍	330	„	360	Fische	♓

Auf älteren Sternkarten vor 1800 findet man noch an Stelle des Steinbocks den altbabylonischen »Ziegenfisch«, einen Ziegenkörper mit Fischschwanz.

Die Zeichen haben astrologische Bedeutung und werden in der Astrologie noch heute (wie früher auch allgemein in der Astronomie) zur Bezeichnung der Längen gebraucht. ♌ 8° bedeutet: im 8. Grad des Löwen, d. h. in 128 Grad Länge.

Die Tierkreisbilder fielen um das Jahr 0 mit den Tierkreiszeichen zusammen; heute befindet sich infolge der Präzession das Sternbild der Fische in dem Zeichen des Widders.

Die Präzession kommt dadurch zustande, daß die Rotationsachse der Erde eine rotierende Bewegung im Raume ausführt. Der Nordpol der Erdachse, deren Verlängerung bis zur Sphäre ja den Nordpol des Himmels definiert, beschreibt um den Pol der Ekliptik einen Kreis, den er in etwa 26000 Jahren durchläuft.

Die Veränderung der Lage der Erdachse im Raume hat eine Verlagerung des Erdäquators und damit des Himmelsäquators zur Folge. Der Himmelsäquator führt eine entsprechende rotierende Bewegung aus, die sich darin äußert, daß die Schnittpunkte von Äquator und Ekliptik, der Frühlings- und Herbstpunkt, auf diesen beiden Kreisen langsam im Sinne abnehmender Längen bzw. Rektaszensionen zurückweichen.

Dieses Zurückweichen des Anfangspunktes der Zählung bewirkt also, daß Rektaszensionen und Längen langsam zunehmen.

Die Tierkreisbilder gleiten infolge der Präzession scheinbar längs der Ekliptik im Sinne wachsender Längen weiter und diese Verschiebung macht in 2000 Jahren etwa 30 Grad aus.

In das erste Zeichen des Tierkreises fielen folgende Tierkreisbilder:

—6000	bis	—4000	Zwillinge
—4000	bis	—2000	Stier
—2000	bis	0	Widder
0	bis	+2000	Fische

Für die astrologische Bewertung der Tierkreisbilder im Altertum ist es sehr bezeichnend, daß in Kult und Mythe Stier, Widder und Fische auffallend hervortreten, und zwar jeweils in den Zeitperioden, in denen diese Bilder im ersten Zeichen standen.

Die Präzession bewirkt im Laufe der Jahrtausende eine weitgehende Veränderung des sichtbaren Sternhimmels. Wenn das Sternbild des Skorpions sich in der Stellung befindet, die jetzt das Bild des Stieres einnimmt, so wird für die nördliche Halbkugel die südlich des Skorpions liegende Gegend des südlichen Kreuzes sichtbar, während die Sternbilder um Orion und Sirius verschwinden. In historischer Zeit ist die Veränderung des Sternhimmels nicht sehr auffallend; die oben beschriebene Stellung fand —11000 statt und wird sich erst +15000 wiederholen.

X. Übersicht über den chronologischen Wert von Himmelserscheinungen.

	Wertvoll für
Finsternisse Sternbedeckungen Bedeckungen von Planeten durch den Mond Konjunktionen von Planeten Konjunktionen des Mondes mit Sternen oder Planeten	Festlegung des Jahres u. Tages (Sonnenfinsternisse auch des Ortes)
Jährliche Aufgänge von Sternen Äquinoktien und Solstizien	Festlegung des Tages oder der Jahreszeit
Mondphasen	Festlegung des Mondkalenders

Für den Erfolg ausschlaggebend wird es sein, wenn mehrere Angaben vorliegen, die einander ergänzen.

Beispiel 1. Am 1. Thamus fand eine Sonnenfinsternis statt.

Wenn das Jahr nicht schon genähert bekannt ist, läßt sich mit dieser Angabe gar nichts anfangen. Bei der Unsicherheit der Schaltung ist der 1. Thamus um 30 Tage unsicher. Das Ergebnis wird auf jeden Fall zweifelhaft.

Beispiel 2. Am 1. Thamus, 10 Tage nach Sommersolstitium, ...

Daraus läßt sich nur das eine ableiten, daß der 1. Thamus etwa Mitte Juli lag. Für die Kenntnis des Jahres ist damit nichts gewonnen.

Heißt es aber: Am 1. Thamus, 10 Tage nach dem Sommersolstitium, fand eine Sonnenfinsternis statt, so läßt sich jetzt, wenn auch mit Mühe, das Jahr ermitteln, indem eine Finsternis für Mitte Juli aufzusuchen ist, aus der sich das unbekannte Jahr ergibt.

Ein ausführliches Beispiel für die astronomische Behandlung eines Textes enthält der folgende Abschnitt XI.

XI. Beispiel für die astronomische Behandlung eines Textes.

1. Ver capit initium suum cum sol intrat Arietem, quod nunc erit mense Marcii die undecima ante meridiem hora decima. Et illa hora ascendet Cancer in oriente et erit luna in eodem signo circiter octo gradus et erit dominus anni quia est in angulo orientali et in domo sua propria fortis ...

2. Estas capit initium suum quando sol intrat Cancerum. Et hoc erit hoc anno praesenti in Junio die duodecima hora nona post meridiem.

3. Autumnus capit initium quando sol intrat libram. Hoc erit hoc anno currenti in septembri decima quarta die undecima hora quasi ante meridiem ...

4. In anno lxxii in Januario fuit per totum visus Cometa dictus Pertica et apparuit nobis in tertia parte Virginis circa finem. Et nunc ista coniunctio Saturni et Martis est vel fuit in Virgine sig° humano ...

Der vorstehende Text ist ein Bruchstück eines Druckes; es bricht gerade an der Stelle ab, wo Angaben über den Mondlauf beginnen. Der Druck stammt von Conradus de Paderborne und fällt in die 70er Jahre des 15. Jahrhunderts.

Die zur Datierung zu benutzenden astronomischen Angaben sind:

1. Frühlingsäquinoktium 11. März 10 Uhr (bürgerl. Zeit).
1a. Zu dieser Stunde Aufgang des Zeichens Krebs.
1b. Zu dieser Stunde Mond im 8. Grad des Krebses: Mondlänge 98 Grad.
2. Sommersolstitium 12. Juni 21 Uhr.
3. Herbstäquinoktium 14. September 11 Uhr.
4a. Im Jahre 1472 war ein Komet sichtbar gewesen.
4b. Zur Zeit der Niederschrift des Textes fand eine Konjunktion von Mars und Saturn im Zeichen der Jungfrau statt oder hatte stattgefunden (nunc est vel fuit).

Aus der Fassung des Textes geht hervor, daß die Zeit des Druckes zwischen folgenden Grenzen liegen muß:

Der Druck muß nach 4a später liegen als 1472.

Der Druck liegt später als eine Konjunktion Mars-Saturn in Jungfrau.

Der Druck liegt vor dem Jahre, auf das sich die Angaben 1—3 (erit) beziehen.

1. *Bestimmung der spätesten Zeitgrenze aus den Angaben 1 bis 3.*

Die Zeiten der Äquinoktien und Solstitien werden nach § 15 I mit Hilfe der Taf. Chr. III als den einfachsten berechnet. Die Ergebnisse sind:

Stunden in bürgerlicher Zeit.

Jahr	Frühlingsäquinoktium		Sommersolstitium		Herbstäquinoktium	
1472	März 11	8 Uhr *	Juni 12	11 Uhr	Sept. 13	22 Uhr
73	11	14	12	17	14	3
74	11	20	12	23*	14	9*
75	12	1	13	5	14	15
76	11	7*	12	11	13	21
77	11	13	12	17	14	2
78	11	19	12	23*	14	8*

Die * deuten an, daß Übereinstimmung mit den Angaben des Textes stattfindet. Die Treffer wiederholen sich alle 4 Jahre, aber mit einer Unstimmigkeit:

Sommersolstitium und Herbstäquinoktium führen auf 1474 und 1478
Frühlingsäquinoktium auf 1472 und 1476.
Die Entscheidung, wo das Richtige liegt, läßt sich aus der Angabe 1b: Mondlänge im Augenblick des Frühlingsäquinoktiums 98 Grad, ableiten.

Zu diesem Zweck werden nach § 4 V B für die Zeiten der Äquinoktien genäherte Mondörter gerechnet; genaue wären Zeitverschwendung, weil die Berechnungen des 15. Jahrhunderts gerade bei dem Mond recht fehlerhaft sein werden. Die Ergebnisse sind:

Jahr	Mondlänge bei Frühlingsäquinox	Jahr	Mondlänge bei Frühlingsäquinox
1472	16°	1479	229°
73	142	80	355
74	279	81	122
75	59	82	261
76	186	83	40
77	312	84	164
78	91 ←	85	297
		86	73

Aus der absichtlich auch auf die folgenden Jahre ausgedehnten Reihe der Mondlängen folgt mit Gewißheit, daß die Angabe des Textes nur auf das Jahr 1478 paßt.

In der Angabe der Zeit des Frühlingsäquinoktiums steckt im Text ein unerklärlicher Fehler. Die einfache Annahme, post meridiem statt ante meridiem zu lesen, darf man nicht machen, weil das der Angabe 1a widerspricht. Der Anfang des Zeichens Krebs (höchster Punkt der Ekliptik, $\alpha = 6$ Uhr, $\delta = 23.5$ Grad) geht am Tage des Frühlingsäquinoktiums wirklich um 10 Uhr vormittags auf, wie im Text angegeben ist.

Trotz dieser Unstimmigkeit bleibt das Ergebnis, daß die Angaben 1 bis 3 Vorausberechnungen für 1478 sind, unerschüttert. 1478 ist die späteste mögliche Grenze für den Druck.

2. *Bestimmung der frühesten Grenze nach Angabe 4b, Konjunktion von Mars und Saturn im Zeichen Jungfrau.*

Die Konjunktion wird nach § 12 IV berechnet.

a) Berechnung der heliozentrischen Konjunktionen von 1472 ab.

Taf. E 38	1425.6	223°	1425.6	223°	1425.6	223°	1425.6	223°
E 39	48.2	230	50.2	254	52.2	279	54.2	304
Summen	1473.8	93	1475.8	117	1477.8	142	1479.8	167
im Zeichen:	Krebs		Krebs		Löwe		Jungfrau	

Die im Text genannte Konjunktion kann nur die von 1477.8 sein, die heliozentrisch noch im Löwen stattfindet.

b) Berechnung der geozentrischen Konjunktion 1477.8.

Nach den Vorschriften von § 6 III werden für Mars und Saturn genäherte Ephemeriden gerechnet:

	Mars (vgl. Beispiel § 6 III) T_0 = 1477 Jan. 0 A_0 = 686 B_0 = 8					Saturn T_0 = 1477 Jan. 0 A_0 = 160				
	Taf. E 51	A_0 zugelegt minus Periode	Elongation	⊙	λ	Taf. E 54	A_0 zugelegt minus Periode	Elongation	⊙	λ
1477			°	°	°			°	°	°
Aug. 16	209	115	327	152	119	225	7	354	152	146
Okt. 1	260	166	312	197	149	271	53	315	197	152
Nov. 15	315	221	294	243	177	318	100	271	243	154

(Werden A_0 und B_0 direkt für 1477 Jan. 0 berechnet, so wird bei Mars $A_0 = 685$, $B_0 = 9$. Das Endergebnis wird dadurch nicht geändert.)

Trägt man die Zeit als Abszissen, die Längen λ als Ordinaten auf, so ergeben sich für Mars und Saturn je eine Kurve, die sich in dem Punkt

1477 Okt. 9, geozentr. Länge $\lambda = 153^\circ$

schneiden. Das ist die genäherte Zeit der Konjunktion, die, wie verlangt, in das Zeichen Jungfrau (150 bis 180 Grad) fällt. Eine genauere Nachrechnung mit den Planetentafeln, wobei bei Saturn allerdings nur die große Ungleichung, aber nicht die kleinen Störungen mitgenommen sind, führt auf:

1477 Okt. 10.0 Länge $152\overset{\circ}{.}5$, Breite $+1\overset{\circ}{.}4$ bzw. $+1\overset{\circ}{.}5$.

Mithin endgültiges Ergebnis:

Die im Text als verflossen bezeichnete Konjunktion von Mars und Saturn ist die vom Herbst 1477; die Vorausberechnungen des Textes beziehen sich auf das Jahr 1478. Der Druck ist also erfolgt im Herbst oder Winter 1477.

Der im Text erwähnte Komet ist der von 1472, der im Januar in Virgo stand (vgl. Liste der Kometen in § 21).

Wie aus der Art der Schlußfolgerung zu ersehen ist, hängt die Sicherheit, mit der sich die Datierung vornehmen ließ, lediglich von der Angabe 1b (Mond bei Frühlingsanfang im Zeichen des Krebses in etwa 98 Grad Länge) ab. Ohne diese wäre aus den Äquinoktien und Solstitien allein die Feststellung, daß die Vorausberechnungen sich auf 1478 beziehen, nicht möglich gewesen. Man hätte dann nur auf Grund der Konjunktion sagen können, daß sehr wahrscheinlich das Jahr 1478 gemeint sei.

Praktischer Teil.

§ 1. Die Literatur zur astronomischen Chronologie.

Die Grundlagen der astronomischen Tafelwerke erfahren durch neue Beobachtungen oder Untersuchungen stetige Verbesserungen, die an sich nur geringfügig sind, aber bei Rückrechnung auf weit zurückliegende Zeiten doch sehr merkbare Beträge ausmachen können. Infolgedessen sind fast alle Tafelwerke, die vor 1900 entstanden sind und bis jetzt immer noch benutzt wurden, als überholt zu betrachten. Das Verdienst der Autoren, die für ihre Zeit das Beste gaben, wird dadurch nicht angetastet.

I. Veraltete Literatur.

O. Danckwortt, Sterntafeln von 46 Fundamentalsternen für die Jahrhunderte von —2000 bis +1800. Leipzig 1881.

Durch Nr. 6 überholt; das gleiche gilt von Ginzels Fortsetzung in Handb. d. Chron. I, Tafel 1. Die Genauigkeit auf Bogensekunden ist für historische Untersuchungen überdies zwecklos.

P. A. Hansen, Ekliptische Tafeln für Konjunktionen des Mondes und der Sonne. Leipzig 1857 (Verh. sächs. Akad. Bd. **9**).

Die Grundlagen sind nicht ausreichend genau.

C. L. Largeteau, Tables abregées pour le calcul des équinoxes et des solstices. Paris 1850 (Mem. de l'Acad. **22**).

C. L. Largeteau, Tables pour le calcul des syzygies écliptiques ou quelconques. Paris 1850 (Mem. de l'Acad. **22**).

Diese in Gumpachs Hilfsbuch, Heidelberg 1853, abgedruckten Tafeln sind in ihren Grundlagen gänzlich veraltet; außerdem ist die Rechnung nach ihnen viel zu umständlich.

P. Lehmann, Tafeln zur Berechnung der Mondphasen und der Sonnen- und Mondfinsternisse. Berlin 1882.

Die Grundlagen sind veraltet.

P. V. Neugebauer, Abgekürzte Tafeln der Sonne und der großen Planeten. — Abgekürzte Tafeln des Mondes. Berlin 1904, 1905.

Vergriffen und durch Nr. 6 überholt.

R. Schram, Reduktionstafeln für den Oppolzerschen Kanon zum Übergang auf die Ginzelschen empirischen Korrektionen. Wien 1889 (Denkschr. Akad. Wien **56**).

Ganz entbehrlich, weil die Ginzelschen Korrektionen sich als nicht ausreichend herausgestellt haben.

R. Schram, Hilfstafeln für Chronologie. Wien 1883 (Denkschr. Akad. Wien **45**).

Durch Nr. 5 weit überholt.

W. Wislicenus, Tafeln zur Berechnung der jährlichen Aufgänge und Untergänge der Gestirne. Leipzig 1892.

Durch Nr. 6 überholt. Die Rechnung nach diesen überflüssig genauen Tafeln ist viel zu umständlich.

W. Wislicenus, Astronomische Chronologie. Leipzig 1895.

Der zweite praktische Teil dieses für seine Zeit sehr guten Buches ist vollständig veraltet.

II. Ältere, aber noch bedingt brauchbare Literatur.

1. *F. K. Ginzel*, Spezieller Kanon der Sonnen- und Mondfinsternisse für das Ländergebiet der klassischen Altertumswissenschaften und den Zeitraum von 900 v. Chr. bis 600 n. Chr. Berlin 1899.

Über den Wert des Speziellen Kanons wird in § 13 III Näheres gesagt. Für weit zurückliegende Zeiten genügt der Kanon nicht mehr.

2. *Th. v. Oppolzer*, Syzygientafeln für den Mond. Leipzig 1881.

Die Syzygientafeln sind für die alten Zeiten nicht genau genug und von C. Schoch verbessert worden. Vgl. darüber Nr. 9 sowie § 13 III.

3. *Th. v. Oppolzer*, Kanon der Finsternisse. Wien 1887 (Wien. Denkschr. d. Akad. **52**).

Wie Nr. 1 unentbehrlich, wenn auch für das Altertum nicht mehr genügend genau. Vgl. § 13 III.

4. *R. Schram*, Tafeln zur Berechnung der näheren Umstände der Sonnenfinsternisse. Wien 1886 (Denkschr. Wiener Akad. **51**).

Diese ausgezeichneten, vor —500 aber nicht mehr ausreichenden Tafeln werden hier in verbesserter Form gegeben. Vgl. § 14.

III. Neuere Literatur.

5. *R. Schram*, Kalendariographische und chronologische Tafeln. Leipzig, Hinrichs, 1908.

Das für Zeitrechnung unentbehrliche Buch wird in § 3 kurz behandelt.

6. *P. V. Neugebauer*, Tafeln zur astronomischen Chronologie.

I. Sterntafeln von —4000 bis zur Gegenwart.

II. Tafeln für Sonne, Planeten und Mond nebst Tafel der Mondphasen.

III. Hilfstafeln zur Berechnung von Himmelserscheinungen.

Anhang. (Erweiterung der Tafeln über 60 Grad Breite hinaus.) Leipzig, Hinrichs, 1912, 1914, 1922, 1925.

Seit dem Erscheinen der Tafeln sind ihre Grundlagen verbessert worden; die erforderlichen Korrektionen sind in der Tafel E 1 angegeben.

Die hier gegebenen Ergänzungstafeln stellen eine Erweiterung des dritten Teiles der Tafeln vor, so daß sich jetzt sämtliche astronomischen Aufgaben mit den Tafeln lösen lassen.

Die Tafeln werden im folgenden sehr oft zitiert werden, wobei die Abkürzung »Taf. Chr.« gebraucht werden wird. Die hier mitgeteilten Ergänzungstafeln sind durch die Bezeichnungen E 1, E 2 usw. von den früheren Tafeln unterschieden.

7. *K. Schoch,* Planetentafeln für Jedermann. Berlin, Linser-Verlag G. m. b. H. 1927.

Die Tafeln sind etwas weniger vielseitig als die vorstehend genannten. Infolge ihrer geringeren Genauigkeit auf nur 0.1 Grad, die in den meisten Fällen ausreicht, ist die Rechnung nach ihnen kürzer und bequemer; für den Nichtastronomen haben sie den besonderen Vorzug, daß bei der Berechnung der Örter der Planeten keine logarithmische Rechnung erforderlich ist, sondern alles mit Hilfstafeln erledigt wird. Für Orientalisten besonders wichtig sind die Spezialtafeln für Babylon, mit denen sich fast alle Fragen der babylonischen Astronomie erledigen lassen.

Typographisch lassen die Tafeln, von ihrem unhandlichen Format ganz abgesehen, viel zu wünschen übrig. Zu bemängeln ist ferner die systemlose Bezeichnung der Tafeln mit Buchstaben oder Inhaltsangabe anstatt mit laufenden Nummern. Da die Buchstaben nach einem nicht erkennbaren Gesetz auf verschiedenen Seiten sich wiederholen, müssen beim Zitieren einer bestimmten Tafel immer Seitenzahl oder Inhaltsangabe als zweckloser Ballast mitgeschleppt werden. Bedenklich und geeignet, Verwirrung zu stiften, ist ferner die Umänderung von feststehenden Bezeichnungen (Sternzeit, Stundenwinkel) durch neue Buchstaben.

8. *C. Schoch,* Astronomical and calendariographical tables. In: S. Langdon, J. K. Fotheringham, The Venus tablets of Ammizaduga, Oxford 1928.

Die Tafeln sind wertvolle Spezialtafeln zur babylonischen Astronomie und behandeln Neumond, Neulicht und Sichtbarkeitsverhältnisse der Planeten. Sie werden an entsprechender Stelle unter der Bezeichnung »Schoch, Oxford-Tafeln« behandelt werden.

9. *C. Schoch,* Die Neubearbeitung der Syzygientafeln von Oppolzer. Kiel 1928 (Mitteilungen des Astronomischen Recheninstituts Berlin-Dahlem Bd. 2 Nr. 2).

Die Tafeln sind nur für ganz genaue Berechnungen bestimmt. Sie erfordern noch eine Korrektion, die in § 14 Absatz XI in einer Tabelle angegeben ist.

10. J. F. Schroeter, Spezieller Kanon der zentralen Sonnen- und Mondfinsternisse. Kristiania 1923. Vgl. § 13 III 5.

§ 2. Die Tafeln zur astronomischen Chronologie (Neugebauer) und ihre Verbesserungen.

Die in der Einleitung zu Teil II angegebenen Grundlagen der Tafeln sind durch C. Schoch verbessert worden. In seiner Schrift »Die säkulare Acceleration des Mondes und der Sonne«, Berlin-Steglitz, Selbstverlag, gibt Schoch verbesserte Elemente an, die für die Folgezeit als die zuverlässigsten Grundlagen anzusehen sind. Bei seiner Neubearbeitung der Syzygientafeln in Mitteilungen des Astronomischen Rechen-Instituts Berlin-Dahlem Bd. 2 Nr. 2, Kiel 1928, hat Schoch die Elemente noch ein wenig geändert, um die Finsternisse des Mittelalters genau darzustellen; diese letzteren Elemente sind in der folgenden Zusammenstellung in Klammern eingeschlossen.

Mittl. Zeit Greenwich.

	Epoche	° ′ ″	*T*-Glied ″	T^2-Glied ″	T^3-Glied ″
Mond *L*	1800 Jan. 0.0	335 43 24.37 (25.68)	+1732 564 394.50 (392.34)	+12.200 (12.036)	+0.0066 (0.0089)
π	,,	225 23 50.37 (50.12)	+ 14 648 593.70 (592.31)	−37.033 (37.061)	−0.0440 (0.0440)
☊	,,	33 16 22.57 (17.87)	− 6 962 920.90 (917.50)	+ 7.489 (7.529)	+0.0075 (0.0087)
Sonne *L′*	,,	279 54 49.60 (49.52)	+ 129 602 764.37 (764.81)	+ 2.600 (2.473)	
π′	,,	279 30 12.30 (11.95)	+ 6 180.26 (180.79)	+ 1.710 (1.578)	+0.0100
Merkur *L*	1900 Jan. 0.0	178 10 45.7	+ 538 106 660.8	+ 7.27	
Venus *L*	,,	342 46 1.9	+ 210 669 165.5	+ 3.53	
Schiefe der Ekliptik *ε*	1850.0	23 27 31.85	− 47.090	− 0.009	+0.0018

T = jul. Jahrhundert, gerechnet von der Epoche ab.

Die verbesserten Syzygientafeln von Schoch erfordern noch die Korrektion

$$\Delta P = +\overset{\circ}{0}.0003 - \overset{\circ}{0}.001\,994\,s + \overset{\circ}{0}.000\,005\,556\,s^2 - \overset{\circ}{0}.000\,000\,2222\,s^3;$$

die Korrektion ist in der Tabelle in § 14 Absatz XI gegeben.

Die Berücksichtigung der neuen Elemente erfolgt in Gestalt von Korrektionen, die an die nach Taf. Chr. II berechneten Argumente, bzw. an einige der Tafeln in Teil III angebracht werden. Die Korrektionen sind in den Tafeln E 1 und E 2 gegeben und werden ihnen mit einer einfachen Interpolation entnommen.

Die neuen Vorschriften sind im einzelnen folgende:

Taf. Chr. II Sonne Die Formeln für L und π (S. XIII) lauten jetzt

$$L = L_1 + L_2 + L_3 + L_4 + L_5 + L_6 + L_7 \qquad L_7 \text{ und } \pi_7$$
$$\pi = \pi_1 + \pi_2 + \pi_6 + \pi_7 \qquad \text{aus Taf. E 1}$$

An die Schiefe der Ekliptik ε aus Tafel VI ist noch die Korrektion $\Delta\varepsilon$ aus Taf. E. 1 anzubringen.

Taf. Chr. II Merkur Venus Die Formel für L (S. XVI) lautet jetzt

$$L = L_1 + L_2 + L_3 + L_4 + L_5 + L_6 + L_7 \qquad L_7 \text{ aus Taf. E 1}$$

Die Korrektionen L_7 für Merkur und Venus sind noch unsicher und die Zukunft wird lehren müssen, wieweit sie berechtigt sind.

Taf. Chr. II Mond In den Formeln für $L_0, M_0, \vartheta, A, B, C, D, E, H$ auf S. XXV sind die Korrektionen L_7, M_7, ϑ_7 usf. aus Tafel E 1 anzubringen. Die Formeln lauten jetzt

$$L_0 = L_1 + L_2 + L_3 + L_4 + L_5 + L_6 + L_7$$
$$M_0 = M_1 + M_2 + M_3 + M_4 + M_5 + M_6 + M_7$$

usf.

Die Anweisung 6e auf S. XXVI ist zu streichen, weil die empirischen Korrektionen durch die verbesserten Elemente überholt sind.

Taf. Chr. II Mondphasen Die Formel für m lautet jetzt:

$$m = m_1 + m_2 + m_3 + m_4 + m_5 \qquad m_5 \text{ aus Taf. E 1.}$$

Die Anweisung 7e auf S. XXVIII und die Tafel IX auf S. 88 sind zu streichen.

Taf. Chr. III S. XIII Die auf der letzten Zeile angegebene Formel für die Sternzeit im mittleren Mittag lautet jetzt

$$\vartheta = \vartheta_1 + \vartheta_2 + \vartheta_3 + \vartheta_4 \qquad \vartheta_4 \text{ aus Tafel E 2.}$$

Taf. Chr. III S. XXXI Die unten auf der Seite angegebene kleine Tafel ist wegen der Änderung der Schiefe der Ekliptik wie folgt zu verbessern:

—4000	$k = +0.4$	—2000	$k = +0.3$
—3000	$k = +0.4$	—1000	$k = +0.2$

Taf. Chr. III S. XXXV An die Werte der Zodiakaltafel (oder noch einfacher, an das mit der Zodiakaltafel berechnete Resultat) sind die Korrektionen T_4 aus Taf. E 2 anzubringen.

Taf. Chr. III S. 44 Die beiden Tafeln 14 und 14a sind zu streichen, ebenso die beiden in § 20 angegebenen Methoden zur Berechnung des Neulichtes. Es wird hier in § 9 eine neue Methode gegeben, die streng richtig ist und für beliebige Breiten gilt; dabei ist sie noch einfacher.

Taf. Chr. III S. 45	Die kleine Tafel für *f* ist durch die neue unter der Tafel E 2 angegebene Tabelle zu ersetzen.
Taf. Chr. III S. 60	Die Tafeln 27 und 28 sind zu streichen. Die erstere wird durch die Tafel 27a des Anhanges zu Teil III ersetzt, die zweite durch die hier gegebene Tafel E 64. Vgl. darüber § 17 IV.
Taf. Chr. III S. 71	Die Tafel 40 wird hier in erweiterter Form für Vorderasien, Griechenland, Italien und Nordafrika gegeben.

§ 3. Die Zeitzählung.

I. Historische und astronomische Zählung der Jahre.

Durch die Jahreszahl wird jedem Jahr eine Ordnungszahl zugewiesen, die für das ganze Jahr gilt.

Die historische Zählweise rechnet mit Jahren vor und nach Chr., wobei die Zählung jedesmal mit 1 beginnt. Dagegen ist nichts einzuwenden, solange nur gezählt und nicht gerechnet wird. Vom 1. Jan. 2 v. Chr. bis zum 1. Jan. 2 n. Chr. sind verflossen die Jahre

2 v. Chr. 1 v. Chr. 1 n. Chr.

Das Abzählen ergibt richtig drei Jahre. Sowie man aber rechnet $2 + 2 = 4$ Jahre, ergibt sich etwas Falsches.

Die logische Inkonsequenz der populären Zählweise liegt darin, daß sie die Null als das »Nichts« betrachtet, während in Wirklichkeit die Null in der Zahlenreihe

$$-2 \quad -1 \quad 0 \quad +1 \quad +2$$

ein vollwertiges und notwendiges Glied bildet.

Die astronomische Zählweise vermeidet diesen Fehler, indem sie die Jahre vor Chr. negativ zählt und das Jahr 1 v. Chr. als das Jahr 0 festsetzt. Es ist also

Jahr n v. Chr. historisch = Jahr $-(n-1)$ astronomisch;

die Jahreszahlen vor Chr. werden um 1 verkleinert und erhalten das negative Vorzeichen.

Das oben angeführte Beispiel wird nun:

1. Jan. 2 v. Chr. = 1. Jan. —1

und vom 1. Jan. —1 bis zum 1. Jan. +2 folgt durch Rechnen die richtige Zeitdifferenz $2 - (-1) = 3$ Jahre.

Durch die astronomische Zählweise wird weiter die Regel, daß alle durch 4 ohne Rest teilbaren Jahre Schaltjahre sind, allgemeingültig. Die Jahre 0 —4 —8 astr. sind Schaltjahre; in historischer Schreibweise heißen sie 1 v. Chr. 5 v. Chr. 9 v. Chr.

Alle astronomischen Tafeln, deren Argument das Jahr ist, sind derart angelegt, daß der Tafelwert für bestimmte Nulljahre, die vollen Jahrhunderte, gegeben wird, wozu dann die Werte für die einzelnen Jahre im Jahrhundert zugelegt werden.

Das Nulljahr, der Anfang der Jahrhunderte, ist bei positiven Jahren ein Jahr mit numerisch kleinerer Zahl, bei negativen dagegen mit numerisch größerer. Weil addiert werden soll, muß immer im Sinne wachsender Zeit gerechnet werden; dabei erfordern negative und positive Jahre eine scheinbar verschiedene Behandlung:

+302: Nulljahr +300, Jahr 2 : +300 + 2 = +302
—302: Nulljahr —400, Jahr 98 : —400 + 98 = —302.

Es muß also stets algebraisch addiert werden.

II. Der julianische und gregorianische Kalender.

Zeitangaben im Altertum und Mittelalter werden bei astronomischen Rechnungen stets im julianischen Kalender gezählt. In diesem Kalender ist die Jahreslänge zu 365.25 Tagen angenommen. Vier solcher »julianischer Jahre« sind also gleich 4 × 365 + 1 Tage, d. h. in jedem vierten Jahre muß ein Schalttag eingelegt werden.

Der Schalttag ist nicht der 29., sondern der 24. Februar. Die Schaltregel wurde bei Caesars Kalenderreform so gefaßt, daß der 6. Tag vor den Kalenden des März (a. d. VI Kal. Mart.) als dies bissextus (noch erkennbar in dem französischen année bissextile) doppelt gezählt werden sollte. Da der dies sextus im Gemeinjahre der 24., im Schaltjahr aber der 25. Febr. ist, so ist nach der römischen Gewohnheit, rückwärts zu zählen, im Schaltjahre der 24. Februar der Tag a. d. bis VI Kal. Martias. Diese Ansicht entspricht dem kirchlichen Gebrauch, den 24. als Schalttag ohne Heiligen zu zählen und den im Gemeinjahr auf 24. Febr. fallenden Heiligen Matthias im Schaltjahr auf 25. Februar zu legen (entsprechend auch die folgenden Heiligen). Mommsens Annahme Febr. 25 ist zweifelhaft, weil die dafür angezogenen Datierungen sich auch auf Febr. 24 deuten lassen (Ginzel Handb. II 279).

Das tropische Sonnenjahr zählt aber 365.2422 Tage. In jedem Schaltjahre werden daher 0.0312 Tage zu viel geschaltet, was nach 32 Schaltungen oder 128 Jahren gerade einen Tag ausmacht. Dieser Fehler des julianischen Kalenders war im 16. Jahrhundert auf volle 10 Tage angewachsen. Die gregorianische Kalenderreform beseitigte den Fehler in einer zwar nicht ganz vollkommenen, aber praktisch ausreichenden Weise durch die Festsetzung, daß

1. auf den 4. Okt. 1582 jul. sofort der 15. Okt. greg. folgen solle,
2. daß in Zukunft der Schalttag in allen vollen Jahrhunderten, die durch 400 nicht ohne Rest teilbar seien, ausfallen solle.

Die Einführung des Kalenders erfolgte nur sehr langsam, da sich die protestantischen Staaten nur allmählich dazu entschließen konnten, eine von dem Papste ausgehende Reform anzunehmen; die griechisch-katholischen Staaten haben erst nach dem Weltkriege den greg. Kalender angenommen. Eine genaue Übersicht über die Zeiten der Einführung des greg. Kalenders gibt Schram in seinen kalendariographischen Tafeln auf S. 65; über die Einführung in den Ländern der griechisch-orthodoxen Kirche vgl. L. Lange, Paradoxe Osterdaten, Sitzber. Akad. München, phil.-hist. Kl. 1928.

III. Die Zählung nach Jahresbrüchen.

Bis jetzt war die Jahreszahl immer als eine für das ganze Jahr geltende Ordnungszahl betrachtet worden. Bei manchen Rechnungen ist es nun einfacher, statt mit Tagen mit Bruchteilen des Jahres zu rechnen.

Bei dieser Rechnungsweise muß die Jahreszahl ihren Charakter als Ordnungszahl verlieren, denn jetzt bestimmt die Jahreszahl mit ihrer Dezimale einen bestimmten Punkt im Jahre.

+302.0 ist jetzt der Anfang des Jahres +302, d. h. der Beginn des 1. Januar. Der Zeitpunkt +302.1 liegt $^1/_{10}$ Jahr oder 36.5 Tage später, bezeichnet also Februar 6.5. Alle Tage des Jahres +302 lassen sich als Dezimalbrüche zwischen +302.0 und +303.0 schreiben.

Anders wird es bei negativen Jahren. —302.0 ist der Anfang des 1. Jan. des Jahres —302. Der Punkt —302.1 liegt $^1/_{10}$ Jahr vor diesem Zeitpunkt, d. h. bei algebraisch richtiger Zählung bezeichnet er einen Tag im November des vorhergehenden Jahres. Will man die Tage eines negativen Jahres als Dezimalbruch schreiben, so heißt es:

—302 Jan. 1.0 = —302.0
Febr. 6.5 = —301.9
März 15.0 = —301.8 usw.

Die Tage des Jahres —302 sind also Dezimalbrüche der Ordnungszahl des folgenden Jahres.

Schram hat sich in seinen Finsternistafeln dadurch geholfen, daß er bei negativen Jahren die Jahreszahl um 1 erhöht. Darin steckt verborgen die Definition —302 Jan. 1 = —303.0. Durch die Umwandlungstafel, die Schram gibt, wird dieser Fehler fortgebracht; er verrät sich aber an einer Stelle, beim Übergang über das Jahr 0, weshalb Schram dort mit einem neuen Zyklus beginnen muß.

In den hier gegebenen verbesserten Finsternistafeln von Schram ist diese Zählung übernommen worden. Dagegen sind in den Tafeln für die Konjunktionen die Jahre algebraisch richtig gezählt und in den Umwandlungstafeln entsprechende Hinweise gegeben.

IV. Die Zählung nach julianischen Tagen.

Alle Unklarheiten, die in dem letzten Absatz behandelt wurden, verschwinden, wenn eine Zählweise eingeführt wird, die negative Jahre vermeidet, deren Anfang also vor dem frühesten historischen Datum liegt.

Diese ideale Zählweise ist die Zählung nach »Julianischen Tagen«, die mit dem 1. Januar 4713 v. Chr. beginnt. Jedem Tag wird eine Zahl zugeordnet, die als »Julianischer Tag« bezeichnet wird.

Der 1. Jan. 4713 v. Chr. hat als erster Tag die Tageszahl 0. Lersch macht in seiner »Einführung in die Chronologie« (Freiburg 1899) den Fehler, ihm die Tageszahl 1 zu geben und dadurch julianische Tageszahlen zu errechnen, die um 1 zu hoch sind. Lersch begeht nämlich den häufig gemachten Denkfehler, Ordnungszahlen und absolute Zahlen mit einander zu verwechseln. Wir leben heute im 20. Jahrhundert, dessen Jahrhundertzahl 19 ist; aus diesem allgemein als richtig anerkannten Satz folgt, daß das erste Jahrhundert die Jahrhundertzahl 0 hatte. Setzen wir nun an Stelle der Zeitspanne »Jahrhundert« die andere Zeitspanne »Julianischer Tag«, so folgt: Der erste Julianische Tag hatte die Tageszahl 0! Über so elementare Fragen sollte ein Chronologe eigentlich klar sein!

Der julianische Tag, den Scaliger nur zur Vereinfachung der kirchlichen Festrechnung einführte, hat sich in der Astronomie als ein absolut eindeutiges Mittel zur Zeitzählung glänzend bewährt. Es sei nur an die Finsternistafeln von Oppolzer und Schram erinnert, die auf dem julianischen Tag aufgebaut sind.

Bei Nichtastronomen erfreut sich das Rechnen mit julianischen Tagen vielfach keiner Beliebtheit, weil von —2000 an die Zahlen 7-stellig werden. Diese Zahlenscheu ist aber völlig unberechtigt, denn es wird immer übersehen, daß gar nicht mit allen 7 Ziffern gerechnet wird, sondern in der Regel nur mit den 4 letzten. (Vgl. dazu auch Abschnitt VIII dieses Paragraphen.)

Wohin die konsequente Ablehnung des Rechnens nach julianischen Tagen führen kann, dafür bietet das sonst recht gute Buch von F. Rühl, Chronologie des Mittelalters und der Neuzeit (Berlin 1897), ein bezeichnendes Beispiel. Auf S. 62/63 werden zur Bestimmung des Wochentags zwei Regeln angegeben, weil diese Aufgabe für den Chronologen sehr wichtig ist. Die erste Regel ist eine alte Vorschrift von Ideler, bei der erst mühselig die Zahl der seit dem 1. Jan. 1 n. Chr. verflossenen Tage berechnet und dann durch Division mit 7 der Wochentag bestimmt wird. Die zweite, angeblich einfachere Regel geht von einem vorliegenden Kalender aus und erfordert das Auszählen der Schaltjahre; die Regel ist aber so unklar gefaßt, daß die in ihr verborgene Fehlerquelle nicht sofort ersichtlich ist. Die einfachste von allen Regeln, die Division der Zahl des julianischen

Tages durch 7, wird überhaupt nicht erwähnt; dabei waren aber 1897 die Tafeln von Schram, welche den julianischen Tag leicht berechnen lassen, in ihrer ersten Form bereits seit 15 Jahren bekannt.

Durch die unbegründeten Klagen der Nichtastronomen hat sich leider Herr Schoch bestimmen lassen, den »schwerfälligen« julianischen Tag durch eine angeblich bequemere Zählweise zu ersetzen. Die neue Zählweise verwendete er zum ersten Male in der verbesserten Finsternistafel in Sirius Bd. 59, dann in den Oxford-Tafeln (Langdon-Fotheringham, The Venus tablets of Ammizaduga, Oxford 1928) und in der verbesserten Syzygientafel in Mitteilungen des Astr. Rechen-Instituts Berlin-Dahlem, Bd. 2 Nr. 2, Kiel 1928. Schoch bricht die Zählung immer nach 8 Jahren ab, erhält also höchstens vierstellige Tageszahlen, führt aber daneben die Jahreszahl mit zwei Dezimalen in der Rechnung mit. Mit anderen Worten: er ersetzt die unbequeme 7-stellige Zahl des julianischen Tages durch zwei Zahlen, von denen die eine 6, die andere höchstens 4 Ziffern hat. Die Rücksicht auf den Raum verbietet es, durch ein Beispiel zu beweisen, daß bei Durchrechnung mehrerer Finsternisse (der normalen Aufgabe bei Ermittelung unbekannter Daten aus Finsternisangaben) nach Schochs Methode mehr Zahlen geschrieben und gerechnet werden müssen, als nach der üblichen Methode, die den »schwerfälligen« julianischen Tag benutzt. Nur bei Einzelrechnungen (Nachrechnung einer bekannten Finsternis) tritt eine Ersparnis an Arbeit ein; sie besteht darin, daß bei einer Rechnung, die der Nichtastronom aus Mangel an Übung in etwa einer halben Stunde fertig bringt, ganze 13 Ziffern weniger geschrieben (nicht gerechnet) werden.

Wenn nach dem Vorstehenden die Einführung einer neuen Zählweise vielleicht noch halbwegs berechtigt erscheinen mag, so wird das Folgende zeigen, welche Verwirrung durch Schochs Zählweise entstehen kann.

Schoch begeht den Fehler, die Jahreszahl in der Rechnung als absolute Zahl, im Resultat aber als Ordnungszahl zu behandeln. Der Fehler zeigt sich nur an der Stelle, an der die Ordnungszahl wechselt; deshalb müssen bei der Rechnung nach Schochs Zählweise folgende Ausnahmen beachtet werden:

Endet die Jahreszahl n auf .00, so gehören

bei negativer Jahreszahl Daten im Januar in das folgende Jahr $n + 1$

bei positiver Jahreszahl Daten im Dezember in das vorhergehende Jahr $n - 1$.

Beispiel I: —309.00, Tageszahl 1827.

Tafel N in Oxford-Tafeln S. XIV liefert:

Zeile 4: 1827 = Dez. 31, Jahr —309.
Zeile 5: 1827 = Jan. 0, Jahr —309. Falsch!

Nach vorstehender Regel gehört das Januardatum in das folgende Jahr, das Datum muß also heißen —308 Jan. 0.

Während in Beispiel I die Identität von Dez. 31 und Jan. 0 den Fehler verriet, ist in dem folgenden Beispiel II kein Anzeichen für den Fehler zu erkennen:

Beispiel II: —309.00, Tageszahl 1829. Die Tafel *N* führt auf Jan. 2, also —309 Jan. 2. Falsch! Es muß nach der Regel —308 Jan. 2 heißen.

Die vorstehenden Ausführungen lassen klar erkennen, wie sehr die absolut eindeutige Zählung nach julianischen Tagen der künstlichen Zählweise von Schoch überlegen ist. Der Verf. hat daher mit voller Absicht in den hier gegebenen Finsternistafeln zwar Schoch's Verbesserungen übernommen, seine Zählweise aber beseitigt.

V. Astronomische und bürgerliche Stundenzählung.

Die bürgerliche Stundenzählung läßt den Tag um Mitternacht beginnen, weil um diese Zeit das Leben ruht.

Folgerichtig läßt die astronomische Stundenzählung den Tag dann beginnen, wenn die normale Beobachtungstätigkeit ruht, d. h. am Mittag. Der astronomische Tag ist 12 Stunden hinter dem bürgerlichen zurück und die nach ihm gezählte Zeit wird als mittlere Zeit von der bürgerlichen Zeit unterschieden.

Die Zweckmäßigkeit dieser Zählweise hat sich erst kürzlich herausgestellt, als auf internationalen Beschluß die astronomischen Jahrbücher den Tagesanfang ebenfalls auf Mitternacht legten. Die Nachteile sind so offenkundig, daß die Aufhebung dieses verhängnisvollen Beschlusses ungeteilte Zustimmung finden würde.

Oppolzer hat aus Bequemlichkeitsgründen für Finsternisse die bürgerliche Zeit Greenwich (Weltzeit) gewählt und Schram und Ginzel sind ihm darin gefolgt. Dadurch wird bei Sonnenfinsternissen die doppelte Tageszählung vermieden, die nun aber bei den Mondfinsternissen auftritt.

Die Taf. Chr. (Neugebauer) sind durchweg auf astronomische Zeit gestellt; gleichzeitig sind alle Hilfsmittel gegeben, um nach Belieben auch in bürgerlicher Zeit rechnen zu können. Resultate, die in astronomischer Zeit erhalten werden, können mit einfachen Hilfstafeln auf bürgerliche Zeit umgerechnet werden.

Die Tafeln von Schoch sind in bürgerlicher Zeit gegeben.

VI. Zeit des Nullmeridians und Ortszeit.

Als Einheit der Zeit gilt die Zeit des Meridians von Greenwich. Die mittlere (astronomische) Greenwicher Zeit wird von Mittag ab gezählt; die bürgerliche Zeit Greenwich, gezählt von Mitternacht, heißt nach Oppolzers Vorgang »Weltzeit«.

Beobachtungen werden immer nach Ortszeit angestellt. Diese Ortszeit unterscheidet sich von der Greenwicher Zeit um so mehr, je weiter der Meridian des Ortes von dem von Greenwich entfernt ist.

Zur Verwandlung der Greenwicher Zeit in Ortszeit eines beliebigen Ortes oder umgekehrt haben wir:

λ = Länge des Ortes, gezählt von Greenwich, nach Ost positiv.
Ortszeit = Greenwicher Zeit + λ.
Greenwicher Zeit = Ortszeit — λ.
λ ist sinngemäß in Zeit auszudrücken ($15^{\circ} = 1^{h}$).

VII. Die Zeitrechnungssysteme (technische Chronologie).

Bei vielen chronologischen Untersuchungen wird es notwendig sein, auf die Zeitrechnung näher einzugehen. Es würde den Rahmen dieses Buches weit überschreiten, hier das große Gebiet der technischen Chronologie auch nur in einem kurzen Auszuge zu geben. Es sei daher auf das grundlegende Werk verwiesen:

F. K. Ginzel, Handbuch der mathematischen und technischen Chronologie. 3 Bände, Leipzig 1906, 1911, 1914.

Um wenigstens einen Hinweis zu besitzen, an welcher Stelle dieses Werkes etwas über eine bestimmte Zeitrechnung zu erfahren ist, wird in der folgenden Tabelle eine möglichst vollständige Übersicht aller von Ginzel behandelter Zeitrechnungssysteme nach Band- und Seitenzahl gegeben. Ein Stern deutet an, daß für diese Zeitrechnung in den Kalendariographischen Tafeln von Schram Tabellen zu finden sind; Ä. ist Abkürzung für Ära.

*Abessynische Ären	III 325
*Ab urbe condita	II 194
Adam, Ä.	II 74. 80
Africanus, Ä. des	III 288
Aktische Ä.	III 7.43
Alexander, Ä. des	I 263 III 40
*Alexandrinische Ä.	I 224 III 288
*Anianos, Ä. des	III 289
Annalistische Ä.	II 199
*Anni Augustorum	I 226
*Anni ab urbe condita	II 194
Graecorum	III 40
* Juliani	
passionis	III 183
regni Alexandri	III 40
Anni secundum evangelium	III 183
trabeationis	III 182
Antiochenische Ä.	III 294
Arabische Ä. = Hidschra	III 41
Arabische Ä. (Bostra)	III 49
Arabi San	I 396
*Armenische Ä.	III 315
Arsakiden, Ä. der	I 137
*Augustus, Ä. des	I 226
Azaria v. Dschulfa, Ä. des	III 319
*Bengâli-San	I 394
Bithynisch-Pontische Ä.	III 36
Bostra, Ä. von	III 49
Buddhistische Ä.	I 398
Burmesische Ä.	I 397

*Panodorus, Ä. des	III 288. 322. 325
Parasurama	I 396
*Persische Ären	I 305
*Petavius, Weltära	III 184
*Philippus, Ä. des	I 147
Pompeiana, Aera	III 47
*Ptolemäus, Kanon des	I 139
Râjyâbhisheka	I 396
*Šaka	I 388. 390
Saptarshi-Kâla	I 382
*Scaliger, Weltära	III 184
*Seleukidische Ä.	I 136. II 59. 498. III 40
Sextus Jul. Afric., Ä. des	III 288
Shahûr (Sûr)	I 396
Simha	I 396
Simon, Ä. des	II 61
*Sothisperiode	I 187. 193
*Spanische Ä.	III 175—177
Sri-Harsha	I 387
Sullanische Ä.	III 37
Syrische Ären	III 39. 43
Syromakedonische Ä.	I 137
Tempelweihe, Ä. der	II 199
Troische Ä.	II 359
*Usher, Weltära	III 184
Varronische Ä.	II 194
*Vikrama	I 387
Vilâyatî San	I 394
Vulgaris, Aera = Christl.Ä.	III 178
Zweihörnigen, Ä. des	III 40

Außerdem führt Ginzel in Bd. III S. 36—52 für zahlreiche Städte Vorderasiens Lokalären auf, die nur aus numismatischen Forschungen bekannt sind.

VIII. Die Kalendariographischen Tafeln von Schram und die Tafel des babylonischen Kalenders von Schoch.

Die kalendariographischen Tafeln von Schram sind das vollkommenste Hilfsmittel zur Zeitrechnung, das wir besitzen; sie sind die einzigen Tafeln, die neben der Zeitrechnung auch alle Festrechnungen geben.

Die Tafeln sind erstmalig in Denkschr. der Wiener Akademie, math.-naturw. Klasse Bd. 45 (1882) erschienen. Auf möglichst kleinen Raum zusammengedrängt, erfordern diese Tafeln die Addition von drei Zahlen (Nulljahr — Jahr und Monat — Tag).

Die verbesserte neue Form erschien 1908 als »Kalendariographische und chronologische Tafeln« (Leipzig, Hinrichs). Ihr Umfang, 36+368 Seiten, ist bedeutend größer als der der ersten Ausgabe, weil jetzt die julianischen Tage für jeden Monatsanfang gegeben sind.

Mit konsequenter Benutzung des julianischen Tages sind die Tafeln für alle behandelten Ären absolut gleichmäßig angelegt. Wer sich an der Hand der in der Einleitung der Tafeln gegebenen Beispiele mit der Tafel für den leichtverständlichen julianischen Kalender vertraut gemacht hat, versteht dann ohne weiteres alle anderen Tabellen mit Ausnahme der der Olympiaden, für die aus bestimmten Gründen eine andere sehr knappe

Form gewählt ist[1]). Eine nochmalige Auseinandersetzung der Arbeitsregeln würde nur eine Wiederholung der klaren Anleitungen von Schram sein.

Die enorme Vereinfachung der Rechnung durch die neue ausführlichere Anlage der Tafeln läßt sich am besten aus der Gegenüberstellung der Rechnung für das nämliche Beispiel erkennen.

Beispiel: Welchem Datum der christlichen Ära entspricht der 13. Payni des Jahres 885 der Ära Nabonassar?

Alte Form der Tafeln:

S. 45:

Taf. Ib	Nabonassar 850	1758 522
Taf. II	Jahr 35, Payni	13 045
	Monatstag	13
	Summe	1771 580

S. 20, 21:

Taf. I	Jahr + 100	1757 582
	Diff.	13 998
Taf. II	Jahr 38, April 0	13 970
	Diff. = Monatstag	28

Also: +100
38 April 0
28
+138 April 28

Neue Form der Tafeln:

S. 184/185:

885 Nabonassar, Payni 0	1771 567
Monatstag	13
Summe	1771 580

S. 36:

+138 April 0	1771 552
Diff. = Monatstag	28

also: +138 April 28

In Wirklichkeit wird die Schreibarbeit viel kürzer. Die einfache Addition des Monatstages läßt sich im Kopf machen und daher zu 885 Nab. Payni 13 sofort hinschreiben:

1771 580.

Dazu läßt sich auf S. 36 mit einfachem Kopfrechnen ablesen:

+138 April 28.

Nach diesem Beispiel gibt es für die Abneigung mancher Nichtastronomen gegen das Rechnen mit den »umständlichen« julianischen Tagen nur die eine Erklärung, daß sie die neuen Tafeln von Schram gar nicht kennen.

Herr Schoch hat durch seine Verwandlungstafel für den babylonischen Kalender gezeigt, daß es möglich ist, eine bestimmte Aufgabe durch eine

[1]) Diese Tafel ist ein warnendes Beispiel dafür, daß Kürze und Bequemlichkeit bei Tafeln oft unvereinbare Begriffe sind.

Spezialtafel in noch einfacherer Weise zu lösen, als es eine Tafel nach Art der Schramschen Tafel gestatten würde.

Die Tafel zur Umwandlung des babylonischen Kalenders in julianischen Kalender ist in zwei etwas voneinander verschiedenen Fassungen in Schoch's Planetentafeln und in den Oxford-Tafeln gegeben. Sie bildet eine wertvolle Ergänzung der Schramschen Tafeln, weil sie den von Schram nicht behandelten babylonischen Kalender gibt, der zugleich als altjüdischer Kalender vor +300 zu benutzen ist; der verbesserte jüdische Kalender, den Schram gibt, ist für die alte Zeit nicht gültig und für sie nur als genäherter Anhalt zu benutzen, wie Schram selbst ausdrücklich betont.

Um Schoch's Babylonischen Kalender (Planetentaf. S. 15) auch für den spätjüdischen Kalender zu verwenden, sind die Zyklen wie nebenstehend zu ändern:

Zyklus — 83	0
— 7	0
+ 69	0
+145	0

Die folgende kritische Betrachtung ist nun nicht als Ablehnung des von Schoch benutzten Prinzips aufzufassen; sie verfolgt vielmehr ein ganz anderes Ziel. Der Nichtastronom ist angesichts einer auf einen speziellen Fall zugeschnittenen Verbesserung leicht zu der Ansicht geneigt, eine solche Verbesserung für allgemein wünschenswert zu halten. Diese Ansicht soll als irrig nachgewiesen werden.

Schoch gibt in seiner Tafel die babylonischen Jahre in christlicher Ära gezählt, die Tage im babylonischen Kalender. Bei dieser Rechnungsweise, die das julianische Jahr als gegeben voraussetzt, kann dann die julianische Tageszählung alle vier Jahre abgebrochen werden.

Die Verwandlung eines babylonischen Datums in ein julianisches ist in der Tat äußerst einfach.

Beispiel: —1805/04 Elul 11. (Das babylonische Jahr beginnt März / April, muß also als Doppeljahr gezählt werden; für die Rechnung ist nur das erste Jahr maßgebend.)

Jahr —1805 = Zyklus —1807, Periode 2.

Planetentafeln, Tafel P (S. 15):

Zyklus —1807	Tageszahl	10
Periode 2, Elul 11	„	1335
	Summe	1345

Nach Tafel Q entspricht der Summe 1345 der Tag Sept. 6. Resultat:

—1805/04 Elul 11 = —1805 Sept. 6.

Die umgekehrte Rechnung, aus dem julianischen Datum das babylonische abzuleiten, ist weniger einfach; sie wird seltener auftreten als die erste Aufgabe, aber sie gehört durchaus in den Bereich der Möglichkeit, z. B. bei der Nachprüfung von Sonnenfinsternissen.

Beispiel: —1805 Sept. 6 in babylonisches Datum umrechnen.

Das babylonische Jahr beginnt März/April; Sept. ist daher etwa der 6. Monat des babylonischen Jahres —1805/1804. Diese Überlegung muß stets gemacht werden, weil sie für die Rechnung maßgebend ist.

Tafel P in Schochs Planetentafeln S. 15:

—1805 = Zyklus —1807, Periode 2. Tageszahl des Zyklus 10.

Periode 2 hat im 6. Monat, in den das Datum wahrscheinlich fallen wird, Tageszahlen bei 1324. Daher ist in Tafel Q die Zeile zu benutzen, welche diese Zahl enthält (in dieser Operation liegt der schwache Punkt der Schochschen Zählweise, die ohne durchgehende Tageszählung arbeitet).

Tafel Q, Zeile 4:

Sept. 6 Tageszahl	1345
Tageszahl des Zyklus abziehen	—10
	1335

Zu 1335 liefert Tafel P in der Zeile der Periode 2: Elul 11.

Der wunde Punkt der Schochschen Zählung zeigt sich natürlich nur in kritischen Fällen. Ein solcher Fall ist —1920/19 Add. b 27.

Für dieses babylonische Datum ergibt sich leicht —1919 April 27; das Jahr 1919 muß deshalb angesetzt werden, weil Add. b der letzte Monat des babylonischen Jahres —1920/1919 ist.

Nun aber die umgekehrte Rechnung! Das julianische Datum —1919 April 27 gehört bei seiner späten Lage im April normalerweise in den Nisan, also wird man die Rechnung für das Jahr 1919/1918 auszuführen haben.

I. —1919/1918 April 27. Zyklus —1919 mit Tageszahl 18
Periode 0.

Bei Periode 0 hat Nisan die Tageszahlen bei 470, also Tafel Q, Zeile 2:

April 27	483
Tageszahl des Zyklus ab	—18
	465

Zu 465 liefert aber die Zeile Periode 0 der Tafel P keinen Tag. Das Datum liegt 2 Tage vor Nisan 0, gehört also nach Add. b des Jahres —1920/1919. Da nicht bekannt ist, ob dieser Monat 30 oder 29 Tage zählt, muß für —1920/1919 neu gerechnet werden.

II. —1920/1919 April 27. Zyklus —1951. Tageszahl 12
Periode 31.

In Periode 31 hat Add. b 29 Tage, folglich ist das gesuchte Datum

—1920/1919 Add. b 27.

Aus den Beispielen geht hervor, daß die von Schoch angewendete Methode nur in dem einen Falle wirklich bequem ist, daß ein Datum einer fremden Ära in das der christlichen verwandelt werden soll. Bei der Umkehrung der Aufgabe kann die Rechnung nicht mehr mechanisch erfolgen, sondern es muß eine Überlegung ausgeführt werden.

Wollten wir nun annehmen, sämtliche Tabellen der Schramschen Tafeln wären durch Tabellen der kürzeren Form von Schoch ersetzt, und wollten wir ferner annehmen, diese Tabellen wären durchweg nach genau gleichen Regeln zu benutzen, so hätten wir den großen Vorteil, daß die Verwandlung eines Datums einer fremden Ära in julianisches Datum in denkbar einfachster Art erledigt werden könnte.

Dieser Vorteil wäre aber mit folgenden Nachteilen erkauft:

1. Bei jeder Rechnung ist zunächst das Jahr der Ära in das entsprechende Jahr der christlichen Ära umzurechnen. Dadurch wird eine bedenkliche Fehlerquelle in die Rechnung getragen, weil der Anfangspunkt der Jahre in der Regel nicht auf Jan. 1 fallen wird.

2. Die Berechnung eines Datums einer fremden Ära aus dem in der christlichen Ära wird durch die Beachtung der verschiedenen Jahresanfänge recht umständlich.

3. Die in den Schramschen Tafeln enthaltenen Festrechnungen müssen durch besondere Tabellen gegeben werden.

4. Die Bestimmung des Wochentages, eine im jüdischen und christlichen Kalender bei jeder Gelegenheit notwendige Aufgabe, muß durch besondere Tabellen ersetzt werden, die auf keinen Fall eine einfachere Rechnung zulassen, als es die Division der julianischen Tageszahl durch 7 ist.

Die Methode, das gleichmäßige Fortschreiten der Tage an einer periodisch abgebrochenen Zählung zu messen, krankt an einem inneren Widerspruch, dessen Konsequenzen sich erst dann zeigen, wenn man dieses Prinzip auf einen weniger günstigen Fall anwendet, als es die babylonische Zählung der Tage ist. Die Schramschen Tafeln werden als Ganzes durch nichts Besseres ersetzt werden können, obwohl es möglich sein wird, bestimmte Einzelaufgaben durch Spezialtafeln in noch einfacherer Weise zu behandeln. Aber auch dann bleiben die Schramschen Tafeln zur Lösung der nicht vereinfachten Aufgaben unentbehrlich.

§ 4. Berechnung der Örter von Gestirnen.

Vorbemerkungen.

Die zur Berechnung der Örter von Gestirnen erforderlichen Hilfsmittel sind gegeben in

1. Tafeln zur astronomischen Chronologie (Neugebauer),
2. Planetentafeln für Jedermann von Schoch.

Die erstgenannten Tafeln liefern eine rechnerische Genauigkeit von 0.01 Grad und sind daher vorzuziehen, wenn möglichste Genauigkeit gewünscht wird. Schochs Tafeln geben nur 0.1 Grad, was für die meisten Fälle genügen wird; sie haben den Vorzug, das Ergebnis in viel kürzerer Zeit zu liefern als die erstgenannten genaueren Tafeln und jede logarithmische Rechnung zu ersparen.

Für ganz flüchtige Überschlagsrechnungen sind Schochs Tafeln nicht brauchbar, weil die mittleren Längen Konstanten enthalten, die erst in den endgültigen heliozentrischen Längen verschwinden; man muß bei ihnen also auch bei Überschlagsrechnungen die Tafeln voll durchrechnen.

I. Berechnung der Örter der Sterne.

Die Taf. Chr. I enthalten die Örter von 309 Sternen von 100 zu 100 Jahren von —4000 an fertig berechnet. Die Einleitung enthält alle für den Gebrauch nötigen Anweisungen.

Schoch gibt in seinen Tafeln auf S. 13 die Örter von 52 Ekliptikalsternen in Länge und Breite auf 0.1 Grad. Weil die Beobachtungen des Altertums stets in Länge und Breite gegeben sind, so sind seine Tafeln hier bequemer, denn die Umrechnung von Rektaszension und Dekl. in Länge und Breite wird erspart. Die Genauigkeit von 0.1 Grad ist für die meisten Zwecke ausreichend.

II. Berechnung der Örter der Sonne.

A. Berechnung nach den Taf. Chr. II (Neugebauer).

Die für den Gebrauch erforderlichen Anweisungen sind in der Einleitung der Tafeln ausführlich gegeben. Zu beachten ist, daß an die berechneten Werte L und π die Korrektionen L_7 und π_7 aus Tafel E 1 anzubringen sind, ebenso an ε die Korrektion $\Delta\varepsilon$ aus Taf. E 1 (vgl. § 2 S. 36).

B. Berechnung nach den Planetentafeln von Schoch.

	Beispiel: Sonnenort für 7 v. Chr. Okt. 27, 6 Uhr abends Memphis.
1. Jahreszahl in astronomischer Zählung ausdrücken und in Jahrhundert und Jahr zerlegen (vgl. Einleitung Sp. IV).	7 v. Chr. = —6 astronomisch Jahrhundert —100 Jahr 94
2. Tafel A, S. 1: Mit »Jahrhundert« aus Spalte »Sonne« L herausschreiben; N mit Jahreszahl interpolieren.	—100: $L = 18\overset{\circ}{.}0$ —6: $N = 36$

Soll zwischen —3400 und +599 für einen anderen Ort als Babylon bzw. zwischen +600 und +2500 für einen anderen Ort als Greenwich gerechnet werden, so sind die in den Tafeln links oben in der Spalte So. stehenden Korrektionen herauszuschreiben.	Memphis: $L = 0.^\circ 0$
3. Aus den Tafeln für Jahr, Monat, Tag und Stunde die in der Spalte So stehenden Werte herausschreiben. In Schaltjahren ist in den Monaten Januar und Februar das Datum um einen Tag zu verkleinern.	Jahr 94: $L = 0.9$ Monat Okt.: $L = 167.1$ Tag 27: $L = 26.6$ Stunde 6 n. $L = 0.7$
4. Alle unter 2 und 3 berechneten Zahlen L addieren und die Summe mit L bezeichnen. $L + N$ bilden.	$L = 213.3$ $L + N = 249$
5. Tafel B, S. 2: Mit Arg. $L + N$ aus den Spalten »Sonne« die Werte L' und R interpolieren.	$L + N = 249^\circ$: $L' = -1.^\circ 2$ $R = 4$
6. Tafel B gilt für —500. Für andere Jahre als —500 sind daher noch die Korrektionstafeln C zu berücksichtigen, welche die Änderungen von L' und R für 3000 Jahre rückwärts (oben) und vorwärts (unten) angeben. Der Abstand des gegebenen Jahres von —500 wird als Bruchteil von 3000 ausgedrückt. Mit Arg. $L + N$ werden aus der entsprechenden Tafel C die Werte L' und R in Spalte »Sonne« interpoliert, die in Einheiten der letzten Stelle von L' und R gelten. Sie werden mit dem oben berechneten Bruchteil von 3000 multipliziert.	Jahr —6 liegt 494 Jahre nach —500, also Tafel C unterer Teil. 494 = $^1/_6$ von 3000 $L + N = 249$: $L' = +1$ $R = 0$ Die Multiplikation mit $^1/_6$ ergibt für beide Korr. Null.
7. Länge der Sonne: $\odot = L + L' +$ Korrektion aus Taf. C Radiusvektor der Sonne: $R = R +$ Korrektion aus Taf. C	$L = 213.^\circ 3$ $R = 4$ $L' = -1.2$ Korr. $= 0$ Korr. $= 0$ $\odot = 212.1$ $R = 4$

8. Verwandlung der Länge der Sonne in Rektaszension und Deklination nach der Tafel S. 11.

Bei der Sonne ist $\lambda = \odot$ und die Breite β stets Null. Daher ist α' aus Tafel B bei Sonne stets Null.

Aus Tafel C wird α'' mit dem Arg. $\lambda = \odot$ interpoliert; für das Arg. links gelten die linken Vorzeichen, für das Arg. rechts die rechten. Dann ist Rektaszension A der Sonne

$$A = \odot + \alpha''$$

Aus Tafel F, Spalte $\beta = 0^\circ$, mit Arg. $\lambda = \odot$ den Wert δ' interpolieren.

Aus Tafel H mit

vertik. Arg. $\lambda = \odot$ }
horiz. Arg. Jahreszahl } δ'' interpolieren.

Dann ist

Deklination der Sonne

$$D = \delta' + \delta''$$

$\odot = 212.1^\circ$
$\alpha'' = -2.2$
$A = 209.9$

$\delta' = -12.3^\circ$
$\delta'' = 0.0$
$D = -12.3$

8a. Eine etwas kürzere, jedoch nicht immer ganz genaue Berechnung von Rektaszension und Deklination der Sonne erlauben die Tafeln B und C auf S. 13.

Tafel B: Mit Arg. $\odot$ die in der mittleren Spalte stehende Korrektion interpolieren; sie erhält für Arg. links das linke, für Arg. rechts das rechte Vorzeichen.

Rektaszension der Sonne

$$A = \odot + \text{Korrektion aus Taf. B}$$

$\odot = 212.1^\circ$
Korr. -2.3
$A = 209.8$

Tafel C: Mit Arg. $\odot$ aus der mittleren Spalte den Wert D interpolieren; für Arg. links gelten die linken, für Arg. rechts die rechten Vorzeichen.

$D = -12.4^\circ$

Dieser Wert D gilt aber für das Jahr —1000; für andere Jahre sind die Änderungen dD, die links und rechts neben den Argumenten stehen, zu berücksichtigen, die in Einheiten von 0.1 Grad für 2000 Jahre gelten.

Die Differenz des gegebenen Jahres gegen —1000 (positiv nach vorwärts, negativ nach rückwärts) wird als Bruchteil von 2000 ausgedrückt und mit der

Differenz des Jahres —6 gegen —1000 als Bruchteil von 2000 gleich $+1/2$, positiv, weil nach vorwärts.

$dD = +1$

neben dem Argument stehenden Zahl dD multipliziert. Das Produkt wird als Korrektion an D angebracht.

Multipliziert mit $^1/_2$ folgt Korrektion 0 oder +1, also
$D = D + \text{Korrektion} = -12^\circ.3$

9. Die nach Schochs Tafeln berechneten Sonnenörter weichen vor —1000 merklich von den Örtern ab, die nach Taf. Chr. und den Verbesserungen nach Taf. E 1 berechnet sind. Der Betrag, um den die Sonnenlängen von Schoch zu korrigieren sind, ist in Taf. E 3 zu finden.

C. Genäherte Örter der Sonne.

Ganz rohe, für Überschlagsrechnungen genügende Werte der Sonnenlänge liefert Tafel E 41, worüber in § 6·II Näheres zu finden ist.

Die Berechnung genäherter Sonnenörter mit Hilfe einer Zodiakaltafel ist ein unpraktischer Notbehelf. Die Rechnung ist so umständlich, daß man schneller zum Ziele kommt, wenn man einen Sonnenort aus den Sonnentafeln selbst berechnet.

III. Berechnung der Örter von Merkur und Venus.

A. Berechnung nach den Taf. Chr. II (Neugebauer).

Die für den Gebrauch erforderlichen Angaben enthält die Einleitung zu den Tafeln. Zu beachten ist, daß an die berechneten Werte von L die Korrektion L_7 aus Tafel E 1 anzubringen ist (vgl. § 2, S. 36).

B. Berechnung nach den Planetentafeln von Schoch.

Beispiel: Ort des Merkur 7 v. Chr. Okt. 27, 6 Uhr abends Memphis.

1. Der Anfang der Rechnung ist genau derselbe, wie vorher bei Sonne II B Nr. 1—6 angegeben. Der Unterschied besteht darin, daß hier in den Tafeln B und C (S. 2) statt L' und R die Größen L', r und b aus den Spalten »Merkur« bzw. »Venus« interpoliert werden.

—100	$: L = 164^\circ.0$	$N = 47^\circ.4$
94	$: L = 103.6$	(für —6)
Memphis	$: L = +0.1$	
Okt.	$: L = 37.2$	
27	$: L = 110.5$	
6 n	$: L = 3.1$	
	$L = 58.5$	$L + N = 105^\circ.9$

Tafel B, Arg. $L + N$:

$L' = 40^\circ.8 \quad r = 69 \quad b = +6^\circ.6$

Tafel C, Arg. $L + N$:

Korr. $L' = +1 \times {}^1/_6 = 0$
Korr. $r = 0 \times {}^1/_6 = 0$
Korr. $b = +3 \times {}^1/_6 = 0$ oder $+1$

2. Heliozentrische Länge $l = L + L' +$ Korr. L' aus Taf. C Heliozentrische Breite $b = b +$ Korr. b aus Taf. C Radiusvektor $r = r +$ Korr. r aus Taf. C	$L = 58^\circ.5$ $b = +6^\circ.6$ $r = 69$ $L' = 40.8$ Korr. $L' =$ 0 Korr. $b =$ 0 Korr. $r =$ 0 $l = 99.3$ $b = +6.6$ $r = 69$
3. Nach den Vorschriften II B 1—7 die Sonnenlänge ☉ und den Radiusvektor R der Sonne berechnen. l — ☉ bilden.	☉ $= 212^\circ.1$ l — ☉ $= 247.2$ $R = 4$
4. Verwandlung des heliozentrischen Ortes in den geozentrischen. Hier müssen die Vorschriften für Merkur und Venus getrennt werden, weil beide Planeten etwas verschieden zu behandeln sind.	
4a. Merkur Tafel E, S. 4: vertik. Arg. l—☉ } E inter- horiz. Arg. r } polieren E ist positiv für l — ☉ links, negativ für l — ☉ rechts. Tafel auf S. 4 neben E: vertik. Arg. l—☉ } Korr. zu E horiz. Arg. R } interpolieren Zu beachten ist, daß für Arg. l—☉ rechts die Vorzeichen umzukehren sind. Geozentrische Länge $\lambda =$ ☉ $+ E +$ Korr. E Tafel für f, S. 4 links unten: vertik. Arg. l—☉ } f inter- horiz. Arg. r } polieren Tafel für β, S. 4 rechts unten: vertik. Arg. f } β interpolieren horiz. Arg. b } β ist die geozentrische Breite, sie erhält das Vorzeichen von b.	l — ☉ $= 247^\circ.2$ } $E = -19^\circ.3$ $r = 69$ } l — ☉ $= 247^\circ.2$ } Korr. $E = -0.3$ $R = 4$ } ☉ $= 212.1$ $E = -19.3$ Korr. $E = -0.3$ $\lambda = 192.5$ l — ☉ $= 247^\circ.2$ } $f = 22$ $r = 69$ } $f = 22$ } $\beta = +2^\circ.4$ $b = +6.6$ }
4b. Venus Tafel E, S. 5: vertik. Arg. l—☉ } E inter- horiz. Arg. R } polieren E ist positiv für Arg. l — ☉ links, negativ für Arg. rechts.	

Tafel auf S. 5 neben E:

vertik. Arg. $l - \odot$ } Korr. von E
horiz. Arg. r } interpolieren

Zu beachten ist, daß für Arg. $l - \odot$ rechts die Vorzeichen umzukehren sind.

Geozentrische Länge

$$\lambda = \odot + E + \text{Korr. } E$$

Tafel für f, S. 5 links unten:

vertik. Arg. $l - \odot$ } f inter-
horiz. Arg. R } polieren

Tafel für β, S. 5 rechts unten:

vertik. Arg. f } β interpolieren
horiz. Arg. b }

β ist die geozentrische Breite; sie erhält das Vorzeichen von b.

5\. Verwandlung von Länge λ und Breite β in Rektaszension α und Dekl. δ.

Tafel B, S. 11:

vertik. Arg. β } α' interpolieren
horiz. Arg. λ }

$\beta = +2^\circ.4$, $\lambda = 192^\circ.5$ } $\alpha' = +1^\circ.0$

Tafel C, S. 11:

Mit Arg. λ α'' interpolieren. α'' erhält das Vorzeichen, das auf der Seite des Argumentes steht.

$\lambda = 192^\circ.5$: $\alpha'' = -1^\circ.0$

Rektaszension

$$\alpha = \lambda + \alpha' + \alpha''$$

$\lambda = 192^\circ.5$
$\alpha' = +1.0$
$\alpha'' = -1.0$
$\alpha = 192.5$

Tafel F, S. 11:

vertik. Arg. λ } δ' interpolieren
horiz. Arg. β }

$\lambda = 192^\circ.5$, $\beta = +2.4$ } $\delta' = -5^\circ.2$

Tafel H, S. 11:

vertik. Arg. λ } δ'' inter-
horiz. Arg. Jahreszahl } polieren

$\lambda = 192^\circ.5$, Jahr -6 } $\delta'' = 0^\circ.0$

Deklination

$$\delta = \beta + \delta' + \delta''$$

$\beta = +2^\circ.4$
$\delta' = -5.2$
$\delta'' = 0$
$\delta = -2.8$

C. Berechnung genäherter Örter.

Für rasche Überschlagsrechnungen genügt es vielfach, nur die Längen genähert zu berechnen. Die hierzu erforderlichen Anweisungen sind in Taf. Chr. III (Neugebauer) in § 27 vollständig gegeben.

Genäherte Berechnung nach Schoch vgl. bei IV C.

IV. Berechnung der Örter von Mars, Jupiter und Saturn.

A. Berechnung nach den Taf. Chr. II (Neugebauer).

Die Gebrauchsanweisungen sind in den ausführlichen Erläuterungen der Tafeln gegeben. Korrektionen wegen Verbesserung der Elemente werden hier nicht angebracht.

Die Berechnung der Störungen bei Jupiter und Saturn (nach den Tafeln VII und VIII) läßt sich, wenn nicht die volle Genauigkeit der Tafeln verlangt wird, wesentlich abkürzen. In den meisten Fällen wird es ausreichen, nur L_7 aus Tafel VII mitzunehmen; bei Saturn ist dann zu beachten, daß zu L_7 noch $+0^\circ\!.50$ zuzulegen sind. Damit erübrigt sich auch die Berechnung der Argumente ζ und η, die nur bei Tafel VIII gebraucht werden.

Die Mitnahme der kleinen Störungen φ_7, ψ_7, L_8 usf. in den Tafeln ist nur erfolgt, um gegebenenfalls die Möglichkeit zu haben, einen rechnerisch auf 0.01 Grad genauen Ort zu erhalten, wie es z. B. bei Berechnung von Konjunktionen notwendig ist.

B. Berechnung nach den Planetentafeln von Schoch.

1. Der Anfang der Rechnung erfolgt nach den Vorschriften für Sonne unter II B 1—6, nur mit dem Unterschied, daß jetzt in den Tafeln B und C auf S. 2 die Größen L', r und b aus den mit dem betr. Planeten bezeichneten Spalten zu entnehmen sind.

Dazu treten noch folgende besondere Vorschriften:

Bei **Mars** ist in Tafel A S. 1 außer N auch der Wert (☊) zu interpolieren; er wird freilich nur gebraucht, um in der Nähe der Opposition die Breite des Planeten genau berechnen zu können. Da man bei Beginn der Rechnung nicht weiß, ob der zu berechnende Ort in die Nähe der Opposition fällt, so ist es geraten, diese Größe zunächst mitzunehmen.

Bei **Saturn** ist in der Tafel A S. 1 die neben L stehende Zahl zu interpolieren und mit ihrem Vorzeichen an L anzubringen.

Beispiel: Ort des Mars 7 v. Chr. Okt. 27, 6^h abends Memphis.

	L	N	(☊)
	°	°	°
—100	136.1	41.2	34.2
94	352.9	(für — 6)	
Okt.	143.1		
27	14.2		
6^h n	0.4		
Memphis	0		
	$L =$ 286.7	$L + N = 328^\circ$	

Tafel B S. 2, Arg. $L + N$:

$L' = 10.0^\circ$ $r = 1$ $b = -1.9^\circ$

Tafel C S. 2, Arg. $L + N$:
Korr. L' 0, Korr. r — 1, Korr. b + 2
Jahr — 6: Faktor + 1/6, daher
Korr. $L' = 0$, Korr. $r = 0$, Korr. $b = 0$

$l = L + L' +$ Korr. L' $b = b +$ Korr. b $r = r +$ Korr. r	$l = 286°.7 + 10°.0 = 296°.7$ $b = -1.9$ $r = 1$
2. Sonnenort ⊙ und R nach den Vorschriften II B 1—7 berechnen. l — ⊙ bilden.	⊙ = 212°.1 $R = 4$ l — ⊙ = 84.6
3. Tafel für k, S. 6 bzw. 7: vertik. Arg. l — ⊙, horiz. Arg. r } k interpolieren Tafel Korr. k, S. 6 bzw. 7: vertik. Arg. l — ⊙, horiz. Arg. R } Korr. von k interpolieren. Hier ist zu beachten, daß für Arg. l—⊙ rechts die Vorzeichen umzukehren sind. Geozentrische Länge $\lambda = l + k +$ Korr. k	l — ⊙ = 84.6, r = 1 } $k = -34°.0$ l — ⊙ = 84.6, R = 4 } Korr. $k = +0°.4$ l = 296°.7 k = —34.0 Korr. k = + 0.4 λ = 263.1
4. Tafel für f, S. 6 bzw. 7: vertik. Arg. l — ⊙, horiz. Arg. r } f interpolieren Tafel für β, S. 6 bzw. 7: vertik. Arg. f, horiz. Arg. b } β interpolieren. β ist die geozentrische Breite; sie erhält das Vorzeichen von b.	l — ⊙ = 84.6, r = 1 } $f = 14$ f = 14, b = —1.9 } $\beta = -1°.5$
5. Bei Mars wird der nach vorstehender Art berechnete Wert von β nicht genau, wenn l — ⊙ zwischen 160 und 200 liegt. In diesem Falle sind die stark eingerahmten Tafeln auf S. 6 (Mitte rechts) zu benutzen. l — (☊) bilden und aus der oberen Tafel den Wert b interpolieren. Das linke Vorzeichen gilt für Arg. l — (☊) links, das rechte für Arg. rechts. Differenz des Jahres gegen —500 als Bruchteil von 3000 ausdrücken; mit Arg. l — (☊) aus der unteren Tafel die Veränderung von b interpolieren, und zwar vor —500 aus der linken nach —500 aus der rechten der inneren Spalten;	l — (☊) = 262°.5: $b = -1°.86$ Jahr —6: + 1/6 l — (☊) = 262°: Änderung von b = +3

das Resultat mit dem oben gefundenen Bruch multiplizieren und zu *b* zulegen. Der so gefundene Wert der heliozentrischen Breite *b* dient nun zur Berechnung der geozentrischen Breite *β* nach 4.	$3 \times 1/6 = 0$ $b = -1.86$ (wie vorher 1.9)
6. Verwandlung der Länge *λ* und Breite *β* in Rektaszension und Dekl. nach Vorschrift III B 5.	$\alpha = 263.1 - 0.1 - 0.6 = 262.4$ $\delta = -1.5 - 23.6 + 0.1 = -25.0$

Korrektionen der nach Taf. Chr. III § 27 berechneten genäherten Marslängen

a	*b* 0	50	100	150	200	250	300	350	400	450	500	550	600	650	700
0	0	0	0	0	0	0	0	0	0	0	0	0	0	0	0
50	0	0	0	0	0	0	0	0	0	0	0	0	0	0	0
100	+1	+1	+1	0	0	−1	−1	−1	−1	−1	0	0	+1	+1	+1
150	+2	+1	+1	0	−1	−1	−2	−2	−2	−1	0	0	+1	+1	+2
200	+2	+2	+1	0	−1	−2	−2	−2	−2	−2	−1	0	+1	+2	+2
250	+3	+3	+2	0	−1	−2	−3	−3	−3	−2	−1	0	+2	+3	+3
300	+5	+4	+3	0	−2	−3	−4	−4	−4	−3	−2	+1	+3	+5	+5
350	+6	+5	+3	0	−2	−4	−5	−5	−5	−4	−2	+1	+4	+6	+6
355	+6	+5	+3	0	−2	−4	−5	−5	−5	−4	−2	+1	+4	+6	+6
360	+6	+5	+3	0	−2	−3	−4	−5	−4	−3	−2	+1	+3	+5	+6
365	+6	+5	+3	0	−2	−3	−4	−4	−4	−3	−2	+1	+3	+5	+6
370	+5	+4	+2	0	−2	−3	−3	−3	−3	−3	−2	+1	+3	+5	+5
375	+4	+3	+1	0	−1	−2	−3	−3	−3	−2	−1	0	+2	+4	+4
380	+3	+2	+1	0	−1	−1	−2	−2	−2	−1	−1	0	+2	+3	+3
385	+1	+1	+1	0	0	−1	−1	−1	−1	−1	0	0	+1	+1	+1
390	0	0	0	0	0	0	0	0	0	0	0	0	0	0	0
395	−1	−1	−1	0	0	+1	+1	+1	+1	+1	0	0	−1	−1	−1
400	−3	−2	−1	0	+1	+1	+2	+2	+2	+1	+1	0	−2	−3	−3
405	−4	−3	−1	0	+1	+2	+3	+3	+3	+2	+1	0	−2	−4	−4
410	−5	−4	−2	0	+2	+3	+3	+3	+3	+3	+1	−1	−3	−4	−4
415	−6	−5	−3	0	+2	+3	+4	+4	+4	+3	+2	−1	−3	−5	−5
420	−6	−5	−3	0	+2	+3	+4	+4	+4	+3	+2	−1	−3	−5	−5
425	−6	−5	−3	0	+2	+4	+5	+5	+5	+4	+2	−1	−4	−6	−6
450	−6	−5	−3	0	+2	+4	+5	+5	+5	+4	+2	−1	−4	−6	−6
500	−4	−4	−2	0	+1	+3	+4	+4	+4	+3	+1	−1	−3	−4	−4
550	−3	−3	−2	0	+1	+2	+3	+3	+3	+2	+1	0	−2	−3	−3
600	−2	−2	−1	0	+1	+2	+2	+2	+2	+2	+1	0	−1	−2	−2
650	−1	−1	−1	0	+1	+1	+1	+1	+1	+1	0	0	−1	−1	−1
700	−1	−1	0	0	0	+1	+1	+1	+1	+1	0	0	0	−1	−1
750	0	0	0	0	0	0	0	0	0	0	0	0	0	0	0
800	0	0	0	0	0	0	0	0	0	0	0	0	0	0	0

C. Berechnung genäherter Örter.

Für rasche Überschlagsrechnungen genügt es vielfach, nur die Längen genähert zu berechnen. Die hierzu erforderlichen Anweisungen sind in Taf. Chr. III § 27 vollständig gegeben.

Dazu sei bemerkt, daß die genäherten Marsörter wegen Vernachlässigung der Exzentrizität zuweilen ungenau ausfallen (bis auf 6°). Die Tafel S. 58 enthält die Korrektionen, die an die genäherte Länge anzubringen sind; sie werden der Tafel mit den bei der Rechnung gebildeten Argumenten *a* und *b* entnommen.

Für die Berechnung genäherter Örter der Planeten nach Schochs Planetentafeln sind auf S. XIII der Einleitung dieser Tafeln die nötigen Anweisungen gegeben. Es sei aber bemerkt, daß die abgekürzte Rechnung nach Schoch etwas umständlicher ist und praktisch keine wesentlich größere Genauigkeit liefert als die genäherte Berechnung nach Taf. Chr. III § 27.

V. Berechnung der Örter des Mondes.

A. Berechnung nach den Taf. Chr. II (Neugebauer).

Die Anweisungen sind in der Einleitung zu den Tafeln ausführlich gegeben. Zu beachten ist, daß die Korrektionen L_7, M_7 usf. nach Tafel E 1 anzubringen sind; sie werden der Tafel mit einfacher Interpolation entnommen.

Die Berechnung eines Mondortes ist immer eine große Schreibarbeit, weil bei ihm sechs Argumente für die Störungen gebildet werden müssen. Schoch erblickt darin einen Mangel der Tafeln und bildet die erforderlichen Argumente im Laufe der Rechnung aus anderen Größen. Dadurch werden die Rechenvorschriften aber ein wenig unübersichtlich, weshalb Verf. der Ansicht ist, daß trotz der längeren Arbeit die Rechnung einfacher ist, wenn die Argumente mechanisch eins wie das andere gebildet werden.

B. Berechnung genäherter Mondörter nach Taf. Chr. II.

In vielen Fällen wird es genügen, den Mondort nur genähert zu kennen. Dann kann man sich die Rechnung viel einfacher machen.

Aus den Mondtafeln in Taf. Chr. II werden mit Weglassung der Störungen und mit Fortlassen der letzten Dezimale nur

$$L, M \text{ und } \vartheta \quad (\text{Taf. I—VI})$$

berechnet; will man überhaupt nur genäherte Mondlängen haben, so braucht auch ϑ nicht berechnet zu werden.

Mit Arg. M wird aus Tafel VIII die Größe f interpoliert und

$$\lambda = L + f$$

gerechnet. Ferner wird mit Arg. $\lambda + \vartheta$ aus Tafel IX die Breite β entnommen.

Ein Verfahren zur schnellen Berechnung einer ganzen Reihe genäherter Mondlängen wird in § 6 IV gezeigt.

C. Berechnung von Mondörtern mit Schochs Planetentafeln.

(Genäherte Berechnung s. Planetentafeln S. XVIII.)

1. Feststellung des Jahres in astronomischer Zählung (Einleitung Spalte IV).

Beispiel: Mondort 7 v. Chr. Okt. 27, 6 Uhr abends Memphis.

7 v. Chr. = —6 astronomisch

2. Jahreszahl zerlegen in Anfangsjahr des Zyklus und Jahr im Zyklus. Das Anfangsjahr des Zyklus ist das dem gegebenen Jahr vorausgehende Jahr in der ersten Spalte der Zyklentafel.

Anfangsjahr	—12
Jahr im Zyklus	6

3. Aus den Tafeln S. 8 (bei denen leider jede übersichtliche Bezeichnung fehlt) die Werte L, I, N, ϑ der Reihe nach für
   Anfangsjahr des Zyklus
   Jahr im Zyklus
   Monat
   Tag (Regel für Schaltjahr beachten)
   Stunde
   Ort

   herausschreiben und zusammenzählen.

   Bei den Tafeln für den Ort, bezeichnet mit »von Babylon« bzw. »von Greenwich« ist zu beachten, daß die erstere nur für Jahre vor +608, die letztere nur für Jahre nach +608 gilt.

   Nach +1600 sind ferner an L noch die in der Monatstafel ganz rechts stehenden Zahlen anzubringen.

	L	I	N	ϑ
	°	°	°	°
Zyklus -12	184.3	290	34.1	199.9
Jahr 6	69.5	314	115.9	116.0
Okt.	357.4	209	6.8	14.5
27	355.8	306	0.4	1.4
6h M.	9.9	8	—	—
Memphis	0.5	—	—	—
	257.4	47	157.2	331.8

4. Tafel B, Mitte rechts unter »Stunde«: Mit Arg. I die Größe L interpolieren und zu der unter 3 gebildeten Summe L zulegen.

$I = 47$: $L = 2.1°$
Summe $L = 257.4$
$L = 259.5$

5. Zu bilden: $g = L + N$, $II = I + g$	$L = 259.5°$, $N = 157.2$, $g = 56.7$ — $I = 47$, $g = 57$, $II = 104$
6. Tafel C, rechts oben: Mit Arg. g aus Spalte g den Wert L' interpolieren. Mit Arg. II aus Spalte II den Wert L' interpolieren. Beide Werte L', zu dem unter 4 berechneten Werte L zugelegt, ergeben die Länge λ des Mondes.	$g = 56.7°$: $L' = 11.7°$; $II = 104$: $L' = 1.2$; $L = 259.5$; $\lambda = 272.4$
7. Zu bilden $u = \lambda + \vartheta$, $u - II$	$\lambda = 272.4°$, $\vartheta = 331.8$, $u = 244.2$ — $u = 244°$, $II = 104$, $u - II = 140$
8. Tafel C, rechts oben: Mit Arg. u aus Spalte u den Wert β interpolieren. Mit Arg. $u - II$ aus Spalte $u - II$ den Wert β interpolieren. Die beiden Werte addiert ergeben die Breite β des Mondes.	$u = 244$: $\beta = -4.8°$; $u - II = 140$: $\beta = 0.0$; $\beta = -4.8$
9. Verwandlung der Länge λ und Breite β in Rektaszension und Deklination nach III B 5	$\alpha = 272.4° + 0.1° + 0.2° = 272.7°$; $\delta = -4.8 - 23.7 + 0.1 = -28.4$

§ 5. Berechnung genauer Ephemeriden.

I. Allgemeines.

Bei der Nachrechnung von Angaben über Planeten oder Mond gibt in den Fällen, in denen das Datum genau bekannt ist, bereits die Berechnung eines einzelnen Ortes genügenden Aufschluß. Das gilt namentlich für die langsam sich bewegenden äußeren Planeten Mars, Jupiter und Saturn. Bei Merkur und Venus, vor allem aber bei dem schnelllaufenden Mond wird man meist zwei Örter zu rechnen haben, die die vermutliche Stunde einschließen, damit die Bewegung dieser Körper berücksichtigt werden kann.

Ist das Datum nicht bekannt, so wird zunächst durch Berechnung einer genäherten Ephemeride nach § 6 ein Anhalt für die vermutliche Zeit der Erscheinung zu suchen sein, worauf dann die genauere Nachrechnung erfolgt.

Unter einer Ephemeride versteht man eine Tabelle von Örtern eines Himmelskörpers, die in gleichmäßigem Intervall berechnet sind.

Ephemeriden erfordern größere Rechenarbeit, bieten aber den Vorteil, daß sie vor zufälligen Rechenfehlern schützen; es wird unter II gezeigt werden, wie sich aus den Unregelmäßigkeiten in den Differenzen der Ephemeride ein Fehler erkennen läßt.

Die Berechnung einer Ephemeride empfiehlt sich besonders in allen den Fällen, in denen Beobachtungen über mehrere Monate nachzuprüfen sind.

Für das Altertum wird eine Ephemeride zweckmäßig in Länge und Breite berechnet; Rektaszension und Deklination werden nur in besonderen Fällen gebraucht, etwa bei Nachprüfung heliakischer Aufgänge.

II. Anlage einer Ephemeride.

Um die Rechenarbeit auf das geringste Maß zu beschränken, werden Ephemeriden stets in größerem Intervall berechnet und dann auf Tagesintervall interpoliert. Die genauen Vorschriften dafür sind in den Absätzen III und IV angegeben; hier nur einiges zur Begründung.

Bei der Berechnung der einzelnen Örter einer Ephemeride ist zu bedenken, daß infolge der Abkürzungen in der Rechnung aus den Tafeln die letzte Dezimale immer unsicher sein muß und daß diese Unsicherheit mit der Zahl der Rechenoperationen, die zur Erlangung des Resultates erforderlich sind, zunimmt. Diese ganz unvermeidliche Unsicherheit verfälscht die Differenzen einer Ephemeride; ein Fehler von einer Einheit erscheint in der zweiten Differenz bereits auf das Doppelte vergrößert, wie hier an einem fingierten Beispiel gezeigt werden soll.

I	1. Diff.	2. Diff.	II	1. Diff.	2. Diff.	III	1. Diff.	2. Diff.	IV	1. Diff.	2. Diff.
0.00			0.00			0.00			0.0		
	+ 2			+ 2			+ 2			0	
+0.02		+4	+0.02		+3	+0.02		+3	0.0		+1
	+ 6			+ 5			+ 5			+1	
0.08		+4	0.07*		+6	0.07*		+7	+0.1		0
	+10			+11			+12			+1	
0.18		+5	0.18		+4	0.19*		+1	0.2		0
	+15			+15			+13			+1	
0.33		+5	0.33		+5	0.32*		+8	0.3		+1
	+20			+20			+21			+2	
0.53		+6	0.53		+6	0.53		+5	0.5		+1
	+26			+26			+26			+3	
+0.79			0.79			0.79			0.8		

I ist die Ephemeride, die auf 0.01 richtig ist, wie der gute Gang der Differenzen beweist.

Bei II ist im dritten Ort eine Einheit geändert; die Folge ist ein Sprung in den Differenzen; die zweite Differenz ist an der Stelle *, an der der Fehler sitzt, um das Doppelte dieses Fehlers geändert.

Bei III ist der normale Fall gegeben, das mehrere Werte der Ephemeride um eine Einheit unsicher sind. Der Gang der Differenzen ist jetzt derart entstellt, daß ein Interpolieren dieser Ephemeride nicht mehr möglich ist.

Bei IV ist diese fehlerhafte Ephemeride III durch Fortlassen der letzten Dezimale um eine Stelle gekürzt; die Differenzen laufen jetzt ausgezeichnet.

Daraus ergibt sich eine wichtige Lehre:

Bei Ephemeridenrechnungen muß die letzte in der Rechnung noch mitgeführte Stelle im Resultat fortgelassen bzw. nur zur Aufrundung der vorletzten Stelle benutzt werden. Würde sie beibehalten, so würde sie die Differenzen vollkommen entstellen und eine Interpolation auf ein kleineres Intervall wäre nicht mehr möglich.

Auch der Versuch, die berechneten Punkte etwa graphisch auszugleichen, indem man sie auf Koordinatenpapier aufträgt und durch eine Kurve verbindet, würde an dem Beispiel III fehlschlagen; nur bei einer längeren Ephemeride ist eine graphische Ausgleichung der Fehler einigermaßen möglich.

Weiter ergibt sich damit die Notwendigkeit, bei Nachrechnung guter Beobachtungen mit Hilfe einer Ephemeride diese Ephemeride möglichst nach den Tafeln zur Astron. Chronologie auf 0.01 Grad genau zu berechnen und vor der Interpolation auf 0.1 Grad abzukürzen; die weniger genauen Tafeln von Schoch sind zur Berechnung von Ephemeriden nicht geeignet.

Wird eine besonders große Genauigkeit gewünscht, womöglich mit Beibehaltung der von den Tafeln gelieferten vollen Genauigkeit, dann ist darauf zu achten, das Intervall der Ephemeride von vornherein möglichst eng zu wählen, z. B. bei Berechnungen von Sternbedeckungen.

III. Spezielle Vorschriften für die Berechnung von Ephemeriden.

Als Voraussetzung gilt, daß die Ephemeriden nach den Tafeln zur Astron. Chronologie berechnet werden:

Sonne. (Korrektionen aus Tafel E 1 berücksichtigen!)

Die Ephemeride wird von 4 zu 4 Tagen berechnet; in den Resultaten können 0.01 Grad angesetzt werden, weil die Differenzen hier gut laufen. Interpolation auf Tagesintervall nach Tafel E 8, vgl. Absatz IV.

Merkur. (Korrektionen aus Tafel E 1 berücksichtigen!)

Bei der schnellen Bewegung dieses Planeten muß die Ephemeride von Tag zu Tag gerechnet werden; die Resultate sind auf 0.1 Grad anzusetzen.

Da bei der schnellen Bewegung des Planeten eine Unsicherheit von 0.3 Grad nicht viel ausmacht, können hier auch die einfacheren Tafeln von Schoch benutzt werden.

Venus. (Korrektionen aus Tafel E 1 berücksichtigen!)

Die Ephemeride wird von 6 zu 6 Tagen berechnet, die Resultate werden auf 0.1 Grad abgekürzt. Zur Interpolation auf tägliches Intervall dient Tafel E 6, vgl. Absatz IV. Sollten die Differenzen zu schlecht laufen, so werden noch Örter in die Mitte gerechnet und Tafel E 9 zur Interpolation benutzt.

Mars. Bei Mars wird ein Intervall von 20 Tagen ausreichen; die Örter werden auf 0.1 Grad angesetzt. Zur Interpolation wird erst Tafel E 10, dann E 5 benutzt. Bei schlechtem Lauf der Differenzen werden Örter in die Mitte gerechnet und die Interpolation nach Tafel E 5 vorgenommen.

Jupiter und *Saturn.*

Die Ephemeriden werden in 40 tägigem Intervall berechnet. Dabei werden die Störungen, die sich nur langsam ändern, für jedes Jahr nur einmal für die Mitte der Ephemeride gerechnet. Zur Interpolation dienen die Tafeln E 8 und E 5, vgl. Absatz IV.

Mond. (Korrektionen aus Tafel E 1 berücksichtigen!)

Ephemeriden des Mondes müssen von Tag zu Tag berechnet werden; die Differenzen laufen bei Abrundung auf 0.1 Grad ziemlich gut.

Hierbei läßt sich die Rechnung sehr abkürzen. Es genügt nämlich, die Argumente L, M, ϑ, A, B usf. nur für den ersten Tag der Ephemeride zu berechnen und sie für die folgenden Tage einfach dadurch zu bilden, daß die Bewegung für einen Tag (aus Tafel III) schrittweise zugelegt wird. Bei diesem Zulegen summieren sich aber die Abrundungsfehler auf, weshalb es gut ist, nach je 10 Tagen die Argumente neu aus den Tafeln zu rechnen. Es genügt dabei vollständig, wenn man das für L, M und ϑ tut; in den Argumenten A bis H der Störungen schaden die Fehler nichts und diese Argumente braucht man höchstens alle 30 Tage einmal aus den Tafeln nachzurechnen.

Bei der Nachrechnung von Konstellationen und namentlich von Sternbedeckungen ist die Mondparallaxe zu berücksichtigen. In solchen Fällen ist es gut, bei der Ephemeridenrechnung auch gleich aus den Tafeln 44—46 in Taf. Chr. III die Mondparallaxe π und den Halbmesser H des Mondes (nicht zu verwechseln mit dem Argument H der Störungen!) zu berechnen. Bei Sternbedeckungen ist ferner zu empfehlen, die Ephemeride auf 0.01 Grad genau in 6 stündigem Intervall zu berechnen und mit Hilfe der Tafeln E 6 auf stündliches Intervall zu bringen.

IV. Interpolation einer Ephemeride.

Die Interpolation einer Ephemeride ist nur dann möglich, wenn die Differenzen der berechneten Örter gut laufen, worüber in Absatz II Näheres gesagt ist.

Ein absolut regelmäßiger Gang der Differenzen wird wohl niemals vorliegen. Zweite Differenzen, wie die beiden folgenden Reihen

a) +1 +2 +1 +1 +2 +1

b) +1 +1 +3 0 +2 +1

sind gut, wenn auch in b ein kleiner Sprung andeutet, daß dort eine Verbesserung eines Ephemeridenortes (und zwar des vierten) um eine Einheit erfolgen könnte. Dagegen zeigt die Reihe

+1 0 +5 —1 +2 +1

unzulässige Sprünge von +5 und —6, die andeuten, daß ein Fehler in der Ephemeride vorliegt. Dieser Fehler muß vor der Interpolation aufgesucht und verbessert werden.

Die Interpolation läßt sich mit Hilfe der Tafeln E 5 bis E 10 ganz mechanisch ausführen. Um nicht zu viel Raum zu verschwenden, sind Tafeln nur für die Intervalle 10, 6, 5, 4, 3 und 2 gegeben. Unter Umständen muß daher eine Interpolation in zwei Schritten erfolgen; z. B. ist bei achttägigem Intervall erst mit Tafel E 8 auf zweitägiges, dann mit E 10 auf eintägiges Intervall zu interpolieren. Oder umgekehrt, die Reihenfolge ist beliebig.

Das Intervall der Ephemeride sei x Tage. Die erste Differenz wird in der Form $n \times x + Rest$ ausgedrückt, wobei n eine ganze Zahl ist.	Beispiel. $x = 4$ 1. Diff. —4.0; 2. Diff. +2.4
Oder, mit anderen Worten: Die erste Differenz wird durch das Intervall dividiert und der Rest gebildet.	$4.0 = 4n + 0$, $n = 1.0$; 1. Diff. negativ, also $n = -1.0$
n erhält das Vorzeichen der ersten Differenz.	
In der Tafel, die dem Intervall x entspricht,	$x = 4$ entspricht Tafel E 8.
wird nun der Teil aufgesucht, der zu der Form $n \times x + Rest$ der 1. Differenz gehört. In diesem Teil wird die Spalte aufgesucht, die mit der 2. Differenz bezeichnet ist.	1. Diff. Form $4n + 0$; 2. Diff. +2.4: Spalte 22—26.

Die Zahlen dieser Spalte werden bei 2. Diff. positiv: von oben nach unten, 2. Diff. negativ: von unten nach oben herausgeschrieben und mit ihrem Vorzeichen der Reihe nach zu n zugelegt. Sie gelten stets in Einheiten der letzten Stelle von n.

Taf. E 8	n	Interpol. 1. Diff.
—2	—1.0	—1.2
—1	—1.0	—1.1
+1	—1.0	—0.9
+2	—1.0	—0.8

Die so gebildeten Summen sind die Differenzen der interpolierten Ephemeride, die durch einfaches Aufsummieren dieser neuen Differenzen erhalten wird.

Zur weiteren Erläuterung wird im folgenden noch die vollständige Interpolation der Ephemeride

Venus 1918 Febr.	13	Länge	318°.4
	21		314.4
März	1		312.8
	9		313.6

mit ausführlichem Schema gegeben. Das vorher gerechnete Beispiel ist der Anfang dieser Interpolation.

Der in fette Striche eingeschlossene Teil der Ephemeride wird erst zuletzt gerechnet, nachdem die rechts davon stehende Interpolationsrechnung erledigt ist. Die Rechnung erscheint sehr umständlich, ist aber ganz leicht im Kopf auszuführen; die Schreibarbeit der letzten Spalte ist eigentlich überflüssig.

Berechnete Ephemeride		Interpolierte Ephemeride		1. Diff. (2 tägig)	Berechnete Ephemeride 1. Diff.	2. Diff.	Form der ersten Differenz	n	Tafel E 8	Interpolierte 2 tägige Differenzen
Febr. 13	318°.4	Febr. 13	318°.4							
		14		—1.2				—1.0	—2	—1.2
		15	317.2							
		16		—1.1				—1.0	—1	—1.1
		17	316.1		—4.0		$4n + 0$			
		18		—0.9			$n = —1.0$	—1.0	+1	—0.9
		19	315.2							
		20		—0.8				—1.0	+2	—0.8
21	314.4	21	314.4			+2.4				
		22		—0.6				—0.4	—2	—0.6
		23	313.8							
		24		—0.5				—0.4	—1	—0.5
		25	313.3		—1.6		$4n + 0$			
		26		—0.3			$n = —0.4$	—0.4	+1	—0.3
		27	313.0							
		28		—0.2				—0.4	+2	—0.2
März 1	312.8	März 1	312.8			+2.4				
		2		0.0				+0.2	—2	0.0
		3	312.8							
		4		+0.1				+0.2	—1	+0.1
		5	312.9		+0.8		$4n + 0$			
		6		+0.3			$n = +0.2$	+0.2	+1	+0.3
		7	313.2							
		8		+0.4				+0.2	+2	+0.4
9	313.6	9	313.6							

Die Interpolation auf 1 tägiges Intervall läßt sich bei dem guten Lauf der 2 tägigen Differenzen ohne Tafel erledigen:

Aus der 2tägigen Differenz	—1.2	—1.1	—0.9	—0.8	—0.6	—0.5	—0.3	—0.2	0.0	+0.1	+0.3	+0.4
ergeben sich die 1 tägigen Differenzen.	—0.6	—0.6	—0.5	—0.4	—0.3	—0.3	—0.2	—0.1	0.0	0.0	+0.1	+0.2
	—0.6	—0.5	—0.4	—0.4	—0.3	—0.2	—0.1	—0.1	0.0	+0.1	+0.2	+0.2

Die Beachtung der Vorzeichen von 1. und 2. Differenz bei der Interpolation läßt sich durch eine mechanische Regel erleichtern.

> Wachsen die ersten Differenzen numerisch an, so wird n einfach als positive Zahl betrachtet und die Korrektionen aus der Interpolationstafel werden in der Reihenfolge von oben nach unten mit ihrem Vorzeichen an n angebracht; d. h., n wird anfangs verkleinert. Nehmen die Differenzen numerisch ab, so werden die Korrektionen von unten nach oben gelesen.

Bei dieser mechanischen Regel ist nur zu beachten, daß bei einem Vorzeichenwechsel der 1. Differenz die Reihenfolge der Korrektionen an dieser Stelle umkehrt.

§ 6. Berechnung genäherter Ephemeriden.

I. Allgemeines.

Handelt es sich darum, die Angaben eines Textes über Mond oder Planeten rasch nachzuprüfen, so wird in vielen Fällen schon eine genäherte Rechnung ausreichenden Aufschluß geben. Eine solche genäherte Rechnung, die sich rasch erledigen läßt, wird vor allem dann am Platze sein, wenn das Jahr des Textes unsicher oder gar nicht bekannt ist.

Bei genäherten Ephemeriden beschränkt man sich darauf, nur die Längen λ zu berechnen, wobei eine Genauigkeit von ± 3 Grad ausreichend ist. Die genäherte Rechnung soll ja nur dazu dienen, das Jahr einwandfrei festzulegen, damit dann die endgültige Prüfung durch eine genauere Nachrechnung erfolgen kann.

II. Genäherte Ephemeride der Sonne.

Eine genäherte Ephemeride der Sonnenlängen ⊙ läßt sich aus Tafel E 41 ableiten.

In Tafel E 41 sind für 16 Tage im Jahre, die ungefähr gleich weit auseinanderliegen (22 oder 23 Tage), die Sonnenlängen auf volle Grade von 200 zu 200 Jahren fertig berechnet. Da es sich nur um Überschlagsrechnungen handelt, ist ein Unterschied zwischen Gemeinjahr und Schaltjahr hier nicht gemacht.

Zur Ermittelung der Sonnenlänge für einen bestimmten anderen Tag genügt es anzunehmen, daß die Sonnenlänge sich pro Tag um einen

Grad ändert. So ist z. B. die Sonnenlänge für

$$-1000 \text{ April } 8 = 2^0 + 7^0 = 9^0.$$

Genäherte Werte der Rektaszension A der Sonne und Deklination D der Sonne lassen sich aus den genäherten Sonnenlängen mit Hilfe der Tafel VIII der Sonnentafel in Taf. Chr. II leicht ableiten.

Genäherte Werte der Deklination der Sonne allein ergeben sich aus Taf. Chr. III Tafel 15. Es sei aber bemerkt, daß diese Werte nicht genau genug sind, um zur Berechnung von Aufgang und Untergang der Sonne in höheren Breiten verwendet zu werden. Deshalb ist in dem Anhang zu Teil III in Tafel 15a eine besondere Tafel gegeben.

Es ist zu beachten, daß sowohl die Tafeln in Taf. Chr. III wie die hier gegebenen Tafeln auch für die Neuzeit im julianischen Kalender gelten, was für die Rechnung eine kleine Unbequemlichkeit bedeutet, die Tafeln aber vereinfacht.

III. Genäherte Planetenephemeriden.

Mit Hilfe der Tafeln E 43 bis E 57 lassen sich mit dem denkbar kleinsten Aufwand an Arbeit genäherte Ephemeriden in Länge für die Planeten ableiten. Vgl. Anmerk. S. 71.

Alle Planeten sind gleichartig behandelt. Die Tafeln sind so angelegt, daß von einem Ausgangspunkt aus für volle 16 Jahre Ephemeriden berechnet werden können.

Die im folgenden gegebenen Vorschriften betreffen den allgemeinen Fall, daß das Jahr nicht sicher bekannt ist und erst durch Versuchsrechnungen gefunden werden soll.

Ist dagegen das Jahr bekannt und soll nur durch eine Überschlagsrechnung der Tag der Erscheinung näher bestimmt werden, so werden von den Vorschriften die Nummern 3 bis 5 ausgelassen.

	Beispiel: Marsephemeride zwischen +1474 und +1478				
1. Ein Jahr T_0 wird als Ausgangsjahr gewählt.	$T_0 = +1474$				
2. Für den Anfang dieses Jahres werden aus Taf. Chr. III § 25 die Größen a und b berechnet, wobei also a_3 und b_3 ausgelassen werden. a und b werden als Ausgangswerte mit A_0 und B_0 bezeichnet.	1400:	a_1	643	b_1	52
	74:	a_2	510	b_2	235
		S	1153	s	287
		a_0	780	b_0	—
		Σ	373	b	287
		a_4	—10		
		a_5	+1		
		A_0	364	B_0	287

3. In den Jahrestafeln E 43 bis E 48 wird die Tafel des betr. Planeten aufgesucht. Mit dem vertikalen Arg. B_0 werden der Reihe nach die Zahlen für die Jahre $T_0 + 1$, $T_0 + 2$ usf. interpoliert und A_0 zu ihnen hinzugelegt.

   Überschreitet die Summe die über der Tafel angegebene *Periode*, so wird diese abgezogen.

   Bei Venus ist $B = 0$ und die Tafel reduziert sich auf eine einzige Zeile, die einfach herausgeschrieben wird.

	Taf. E 45	A_0 zugelegt	*Periode* abgezogen
$1474 = T_0$	—	364	364
$1475 = T_0 + 1$	382	746	746
$1476 = T_0 + 2$	738	1102	322
$1477 = T_0 + 3$	322	686	686

4. Aus Tafel E 46 werden für den betr. Planeten die Änderungen von B_0 für die Jahre $T_0 + 1$, $T_0 + 2$ usf. herausgeschrieben und zu B_0 zugelegt.

   Wird dabei die unter der Tafel angegebene *Periode* überschritten, so wird diese abgezogen.

	Taf. E 46	B_0 zugelegt	*Periode* abgezogen
$1474 = T_0$	—	287	287
$1475 = T_0 + 1$	365	652	652
$1476 = T_0 + 2$	43	330	330
$1477 = T_0 + 3$	408	695	8

5. Damit ergeben sich für jeden Jahresanfang besondere Werte von A_0 und B_0, die nun für die folgende Rechnung den Ausgangspunkt bilden.

	$A_0 =$	$B_0 =$
1474	364	287
1475	746	652
1476	322	330
1477	686	8

Es folgt nun die Berechnung der Ephemeriden für die einzelnen Jahre nach den Tafeln E 49 bis E 57. Diese Tafeln sind genau so angelegt, wie die für die Jahre, nur mit dem Unterschied, daß für die einzelnen Jahrhunderte noch besondere Korrektionen zu berechnen sind, die neben den Tafeln stehen.

6. Als Ausgangspunkt für die Berechnung der Ephemeride dienen die für den jeweiligen Jahresanfang geltenden Werte A_0 und B_0.

   Mit dem Arg. B_0 werden aus Taf. E 49—55 für den betr. Planeten die Zahlen für die oben angegebenen Tage der Reihe nach interpoliert und zu A_0 zugelegt.

   Überschreitet die Summe die über der Tafel angegebene *Periode*, so wird diese abgezogen.

   Bei den Planeten Venus und Saturn besteht die Tafel nur aus einer einzigen Zeile, die einfach herausgeschrieben wird.

Marsephemeride für 1477.

$A_0 = 686$ $B_0 = 8$

	Taf. E 51	A_0 zugelegt	*Periode* abgezogen
Jan. 0	—	686	686
Febr. 15	38	724	724
April 1	77	763	763
Mai 17	118	804	24
Juli 1	160	846	66
Aug. 16	209	895	115
Okt. 1	260	946	166
Nov. 15	315	1001	221

7. Bei Venus, Mars, Jupiter und Saturn sind noch kleine Korrektionen anzubringen, die mit dem Arg. Jahreszahl aus den Tafeln E 50 (untere Hälfte), E 52 oder E 55 interpoliert werden.

Die Korrektionen sind hier 0.

8. Die so gefundenen Zahlen werden nun im Inneren der Tafeln E 56 oder E 57 (erstere für Merkur und Venus, letztere für Mars, Jupiter und Saturn) aufgesucht. Es wird die nächstgelegene Zahl gewählt und die auf dieser Zeile vorn stehende Zahl herausgeschrieben. Sie ist die geozentrische Elongation $\lambda - \odot$ des Planeten in Grad.

		Elongation °
Jan. 0	686:	26
Febr. 15	724	15
April 1	763	4
Mai 17	24	354
Juli 1	66	342
Aug. 16	115	327
Okt. 1	166	312
Nov. 15	221	294

9. Aus Tafel E 41 werden mit der Jahreszahl als Argument die Längen $\odot$ der Sonne interpoliert.

Bei Merkur und Venus, die in dem engeren Intervall von 22 bis 23 Tagen zu rechnen sind, werden alle Spalten der Tafel benutzt, bei Mars, Jupiter und Saturn nur die mit * bezeichneten Spalten.

Die Sonnenlängen ergeben, zu den Elongationen zugelegt, die genäherten geozentrischen Längen λ des Planeten.

	$\odot$ °	Elong. °	λ Mars °
Jan. 0	290	26	316
Febr. 15	336	15	351
April 1	21	4	25
Mai 17	65	354	59
Juli 1	108	342	90
Aug. 16	152	327	119
Okt. 1	197	312	149
Nov. 15	243	294	177

10. Die Genauigkeit dieser genäherten Ephemeriden ist trotz der Kürze der Rechnung eine recht gute. Größere Abweichungen treten nur bei Merkur und Mars auf, weil der wirkliche Radiusvektor dieser Planeten sich von dem in den Tafeln angenommenen mittleren Werten stark unterscheiden kann. Da aber nur eine genäherte Orientierung verlangt wird, kann ein Schaden nicht entstehen.

Der Fehler in den Marsörtern läßt sich nach der Tafel S. 58 verbessern. Zunächst sind der Reihe nach zu B_0 zuzulegen:

0 46 91 137 182 228 274 319

Die Summen sind die Werte von b; die zugehörigen a stehen unter Nr. 6 in der äußersten rechten Spalte. Mit den Arg. a und b liefert dann die Tafel S. 58 die gesuchten Korrektionen. Für unser Beispiel ist:

a	686	724	763	24	66	115	166	221
b	8	54	99	145	190	236	282	327
Korrektion	—1°	0	0	0	0	—1°	—2°	—2°

IV. Berechnung einer genäherten Mondephemeride.

Mit Hilfe der Tafel E 42 läßt sich ganz schnell eine genäherte Mondephemeride für den Zeitraum von 28 Tagen berechnen, was ungefähr der Sichtbarkeitsperiode des Mondes von einem Neumond zum anderen entspricht.

1. Aus den Mondtafeln in Taf. Chr. II werden für ein Ausgangsdatum T_0 unter Fortlassung der letzten Dezimalen berechnet

$$L_0 = L_1 + L_2 + L_3 + L_6 + L_7$$
$$M_0 = M_1 + M_2 + M_3 + M_6 + M_7$$

Die Größen $L_6\, M_6\, L_7\, M_7$ (letztere beide aus Tafel E 1) brauchen nur vor + 500 mitgenommen zu werden.

T_0 = 1928 Nov. 10.0 jul.

$L_1 = 81.7^\circ$		$M_1 = 106^\circ$	
$L_2 = 115.0$		$M_2 = 56$	
$L_3 = 177.4$		$M_3 = 142$	
$L_0 = 14.1$		$M_0 = 304$	

2. In Tafel E 42 wird die Zeile aufgesucht, deren M_0 dem berechneten Wert am nächsten liegt. Die auf dieser Zeile stehenden Zahlen der Spalten $T_0 + 0$, $T_0 + 1$ usf. werden der Reihe nach herausgeschrieben und zu L_0 zugelegt. Die Summen sind die genäherten Mondlängen λ für die Tage $T_0 + 0$, $T_0 + 1$ usf.

		Taf. E 42 $M_0 = 300^\circ$	L_0 zugelegt (Mondlänge λ)
Nov. 10.0	$T_0 + 0$	354°	8°
11.0	$T_0 + 1$	8	22
12.0	$T_0 + 2$	23	37
13.0	$T_0 + 3$	37	51
14.0	$T_0 + 4$	52	66
usf.			

3. Die Ephemeride gilt für Mittag Greenwich. Für Griechenland, Kleinasien und Ägypten sind die λ um 1°, für Babylon um 2° zu verkleinern.

Die genäherten Örter sind auf etwa einen Grad genau; in ungünstigen Fällen kann wegen der Vernachlässigung der Störungen ein Fehler von 2 Grad entstehen.

Die genäherte Mondbreite β erhält man, indem für einen Punkt der Ephemeride aus der Mondtafel in Taf. Chr. II der Wert ϑ berechnet wird, worauf mit Arg. $\lambda + \vartheta$ sich aus Tafel IX der Mondtafel die Breite β ergibt.

Anmerkung.

Bei allen nach II, III und IV berechneten genäherten Ephemeriden ist das Datum auch für die Neuzeit nach dem Julianischen Kalender zu zählen.

§ 7. Berechnung der Mondparallaxe.

I. Allgemeines.

Die Berechnung der Mondparallaxe ist nur in den Fällen notwendig, in denen die Aufgabe vorliegt, Stellungen des Mondes zu anderen Gestirnen zu bestimmen. Das sind

1. Bedeckungen von Sternen durch den Mond.
2. Konjunktionen des Mondes mit Planeten oder Sternen.

Die Parallaxe hängt außer von der Stellung des Mondes von der geographischen Breite ab; der Beobachtungsort und die Zeit müssen also genau bekannt sein.

II. Berechnung der Mondparallaxe mit den hier gegebenen Tafeln.

Die Tafeln E 14 bis E 19 erlauben die Parallaxe auf 0.01 Grad genau zu berechnen. Sie sind also dazu bestimmt, in Verbindung mit den Mondtafeln in Taf. Chr. II benutzt zu werden.

Wenn eine Genauigkeit von nur 0.1 Grad gewünscht wird, was in den meisten Fällen ausreicht, so können auch die in Absatz III behandelten kürzeren Tafeln von Schoch benutzt werden.

	+98 Jan. 11, 5^h früh Rom. Mond $\lambda = 176.^\circ 99$, $\beta = -1.^\circ 24$
1. Geogr. Breite φ des Ortes aus Atlas oder Tafel E 101 entnehmen.	$\varphi = 41.^\circ 9$
2. Beobachtungszeit nach § 16 I 2 in Sternzeit ϑ verwandeln.	$\vartheta = 183.^\circ 8$ $(12.^h 25)$
3. Tafel E 14 vertik. Arg. $\vartheta + 90^\circ$ } $l - \vartheta$ inter- horiz. Arg. φ } polieren. $l - \vartheta$ ist positiv, wenn das Arg. ϑ links steht, negativ, wenn es rechts steht. $l - \vartheta$ zu ϑ zugelegt, ergibt l.	$\left.\begin{array}{r}\vartheta + 90^\circ = 273.^\circ 8\\ \varphi = 41.9\end{array}\right\\} l - \vartheta = -20.^\circ 6$ $l = 163.2$
4. Tafel E 15 vertik. Arg. ϑ } $b - \varphi$ interpolieren. horiz. Arg. φ } $b - \varphi$ zu φ zugelegt, ergibt b.	$\left.\begin{array}{r}\vartheta = 183.^\circ 8\\ \varphi = 41.9\end{array}\right\\} b - \varphi = -2.^\circ 7$ $b = 39.2$
5. $\lambda - l$ bilden. $\lambda - l$ wird stets kleiner als 180 gerechnet und erhält daher positives oder negatives Vorzeichen	$\lambda - l = +13.8$

Tafel E 16 vertik. Arg. $\lambda - l$ } Mondparallaxe horiz. Arg. b } $\Delta\lambda$ in Länge interpolieren. $\Delta\lambda$ erhält das Vorzeichen von $\lambda - l$ und die für Parallaxe verbesserte Länge ist $\lambda + \Delta\lambda$.	$\lambda - l = +13^\circ.8$, $b = 39^\circ.2$ } $\Delta\lambda = +0^\circ.17$ $\lambda + \Delta\lambda = 177^\circ.16$
6. Tafel E 17. Mit dem Arg. b die Parallaxe $\Delta\beta$ in Breite interpolieren. Sie ist im allgemeinen auf der nördlichen Halbkugel negativ; wird aber b zufällig einmal negativ, so wird $\Delta\beta$ positiv. Die für Parallaxe verbesserte Breite ist $\beta + \Delta\beta$.	$b = 39^\circ.2 \quad \Delta\beta = -0^\circ.60$ $\beta + \Delta\beta = -1^\circ.84$
7. Die Tafeln sind für eine mittlere Parallaxe $\pi = 0^\circ.95$ berechnet, wodurch ein Fehler von $0^\circ.05$ entstehen kann. Soll das Resultat möglichst genau sein, so ist aus Taf. Chr. III, Tafel 44 und 45 der genaue Wert von π zu bestimmen[1]). Die genaueren Werte sind dann Parallaxe in Länge $\frac{\pi}{0.95}\,\Delta\lambda$ Parallaxe in Breite $\frac{\pi}{0.95}\,\Delta\beta$	Taf. Chr. II $M = 79^\circ.7$ $A = 40^\circ.2$ $B = 119^\circ.0$ Taf. Chr. III log sin π_0 = 8.2230 Taf. 44. 45 +34 −16 log sin π = 8.2248 $\pi = 0^\circ.96$ Parall. in Länge $\frac{0.96}{0.95} \times 0^\circ.17 = +0^\circ.17$ Parall. in Breite $\frac{0.96}{0.95}(\times -0^\circ.60) = -0.61$

Die vorstehend berechneten Werte der Parallaxe sind soweit genau, daß sie in fast allen Fällen als genügend betrachtet werden dürfen. Bei $\Delta\beta$ ist jedoch ein Faktor vernachlässigt, der bei großer Mondbreite und ungünstiger Stellung des Mondes zum Horizont die Parallaxe in Breite um 10% und mehr verfälschen kann.

Es ist deshalb geraten, die folgende kurze Rechnung auch noch auszuführen, obwohl sie in den meisten Fällen das Resultat nicht mehr wesentlich verändern wird.

8. Tafel E 18 vertik. Arg. $\lambda - l$ } γ interpolieren. horiz. Arg. b } Ist $\lambda - l$ größer als 90°, so wird die Ergänzung zu 180 Grad als Arg. ge-	$\lambda - l = 14^\circ$, $b = 39$ } $\gamma = +40^\circ$

[1]) Hierbei ist auch gleich aus Tafel 46 der Halbmesser H des Mondes zu berechnen.

nommen. Das Vorzeichen von γ folgt aus dem unter der Tafel angegebenen Schema.	
9. Tafel E 19 vertik. Arg. γ, horiz. Arg. β } f interpolieren. Es ist hier darauf zu achten, daß die linke Tafel für gleiche Vorzeichen von γ und β gilt, die rechte für ungleiche. Das Vorzeichen von f ist in der Regel positiv. Die Parallaxe in Breite ist dann $f \times \Delta\beta$.	$\left.\begin{matrix}\gamma = +40^\circ \\ \beta = -1.2\end{matrix}\right\} f = 1.02$ Parallaxe in Breite $-\overset{\circ}{0}.61 \times 1.02 = -\overset{\circ}{0}.62$

Das Beispiel lehrt, daß die durch die letzte Rechnung erreichte Verbesserung der Parallaxe in Breite in den meisten Fällen unmerklich sein wird.

III. Berechnung nach den Planetentafeln von Schoch.

Die Rechnung nach Schoch ist kürzer, weil nur mit 0.1 Grad Genauigkeit gerechnet wird. Die auf S. 8 rechts gegebenen Tafeln sind den Tafeln E 14 bis E 19 ganz ähnlich, nur verwendet Schoch andere Bezeichnungen.

Schoch bezeichnet

die Sternzeit ϑ mit τ

$l - \vartheta$ mit dl

	Beispiel von Absatz II.
1. Ausgangswerte (wie vorher bei II) Geographische Breite φ Mondlänge λ Mondbreite β Sternzeit τ	 $\varphi = 42^\circ$ $\lambda = 177.0$ $\beta = -1.2$ $\tau = 184$
2. Tafel für dl vertik. Arg. τ, horiz. Arg. φ } dl interpolieren. Vorschriften über Vorzeichen unter der Tafel beachten. Tafel für b vertik. Arg. τ, horiz. Arg. φ } b interpolieren.	$\left.\begin{matrix}\tau = 184^\circ \\ \varphi = 42\end{matrix}\right\} dl = -20^\circ$ $\left.\begin{matrix}\tau = 184^\circ \\ \varphi = 42\end{matrix}\right\} b = 40^\circ$
3. $l = \tau + dl$ $l - \lambda$ oder $\lambda - l$ bilden; die Differenz soll positiv sein.	$l = 164^\circ$ $\lambda - l = 13$

Tafel für $d\lambda$ vertik. Arg. $l - \lambda$ oder $\lambda - l$, horiz. Arg. b } $d\lambda$ interpolieren. Vorzeichenregel unter der Tafel beachten. $d\lambda$ ist die Parallaxe in Länge.	$\lambda - l = 13^{\circ}$, $b = 40$ } $d\lambda = +0^{\circ}.1$
Tafel für $d\beta$. Mit Arg. b die Parallaxe in Breite $d\beta$ interpolieren.	$b = 40^{\circ}$: $d\beta = -0^{\circ}.6$

Die Vergleichung mit den in Absatz II berechneten genauen Werten ergibt nur in $d\lambda$ eine kleine Abweichung.

§ 8. Berechnung der Zeiten der Mondphasen.

I. Allgemeines.

Die genauesten Werte für die Zeiten der Neumonde liefern die in § 2 unter Nr. 8 erwähnten Tafeln von C. Schoch; die nach ihnen berechneten Zeiten sind auf einige Minuten genau. Dabei ist die Rechnung sehr kurz. Sie ist in Absatz IV behandelt.

Eine so hohe Genauigkeit ist im allgemeinen nicht erforderlich. Schoch hat die Genauigkeit deshalb so weit getrieben, weil er bei seiner Berechnung des Neulichtes für Babylon von der Zeit des Neumondes ausgeht und diese Zeit daher möglichst genau haben muß.

In den meisten Fällen kann man sich mit einer geringeren Genauigkeit von etwa einer Stunde begnügen. Diese Genauigkeit liefern die von Schram in seinen »Kalendariographischen Tafeln« gegebenen Tafeln. Diese haben weiter den Vorzug, daß nach ihnen alle Mondphasen zu berechnen sind, während die Schochschen Tafeln nur die Neumonde liefern.

Die Tafeln von Schram enthalten die nicht korrekten empirischen Korrektionen von Oppolzer. Es sind daher an die nach ihnen berechneten Zeiten noch die Korrektionen aus Tafel E 4 anzubringen.

Nach den Schramschen Tafeln liegen fertig berechnet vor:

Neumonde	957 v. Chr. bis 605 v. Chr. in:	E. v. Haerdtl, Astronomische Beiträge zur assyrischen Chronologie. Wien 1884, Denkschr. der Akad. Bd. 49
	605 v. Chr. bis 100 v. Chr. in:	Ginzel, Handbuch d. Chron. I 547
	100 v. Chr. bis 308 n. Chr. in:	Ginzel, Handbuch d. Chron. II 544
Vollmonde	500 v. Chr. bis 100 n. Chr. in:	Ginzel, Handbuch d. Chron. II 555.

An alle diese Werte sind also noch die Korrektionen aus Tafel E 4 anzubringen.

Etwas weniger genau als Schram sind die Tafeln in Taf. Chr. II. Diese Tafeln beruhen auf den ungenügenden Elementen der Syzygientafeln von Oppolzer; bei der Rechnung nach ihnen sind die Korrektionen m_5 aus Tafel E 1 zu berücksichtigen. Vgl. darüber Absatz III.

II. Berechnung der Mondphasen nach Schrams Kalendariographischen Tafeln.

Schram rechnet zyklisch mit julianischen Tagen. Die Tageszahl der gesuchten Phase muß also vorher genähert bekannt sein, damit man weiß, welcher Zyklus und welche Periode benutzt werden muß. Mit anderen Worten: Schrams Tafeln erfordern eine kleine Vorarbeit, die nicht ins Gewicht fällt, wenn eine längere Reihe aufeinanderfolgender Phasen zu berechnen ist, die aber bei der Berechnung einzelner Phasen lästig wird. Einzelne Phasen lassen sich nach Taf. Chr. II entschieden einfacher berechnen.

	Neumond im August —309
1. Wahl eines Ausgangsdatums T_0. Die Phasen wiederholen sich nach 29.5 Tagen, weshalb der 1. des Monats das zweckmäßigste Ausgangsdatum ist.	$T_0 = -$ 309 Aug. 1
2. Das Ausgangsdatum T_0 wird aus der ersten Tafel der Schramschen Tafelsammlung als julianischer Tag ausgedrückt.	$T_0 =$ 1608 408
3. In der Mondphasentafel I (S. 357) die nächstkleinere Zahl »Jul. T_1« aufsuchen und mit den danebenstehenden Werten a_1 und b_1 herausschreiben.	$T_1 =$ 1602 870.32 $a_1 = 239$ $b_1 = 204$
4. In Mondphasentafel II (S. 358, 359) die Zahl »Jul. T_2« aufsuchen, die T_1 zu dem Ausgangsdatum T_0 ergänzt. Weil die gesuchte Phase wahrscheinlich nach T_0 liegt, so ist T_2 so zu wählen, daß die Summe $T_1 + T_2$ größer, höchstens gleich T_0 ist. T_2, a_2, b_2 herausschreiben und die Summen T, a, b bilden. Überschreitet bei a und b die Summe 400, so ist 400 abzuziehen.	$T_2 =$ 5 551.75 $a_2 = 193$ $b_2 = 80$ $T =$ 1608 422.07 $a = 32$ $b = 284$

5. Aus der Tafel auf S. 359 rechts oben werden mit den Argumenten *a* und *b* zwei Korrektionen interpoliert und zu *T* zugelegt. Dabei ist diejenige Spalte zu benutzen, die mit der betr. Phase bezeichnet ist.	a = 32: 0.25 b = 284: 0.01 *T* 1608 422.07 *T* 1608 422.33
6. Aus der Vergleichung des gefundenen jul. Tages mit der jul. Tageszahl des Monatsersten ergibt sich der Monatstag der Phase. Mit der Tafel auf S. 368 wird der Tagesbruch in Stunde und Minute umgerechnet.	— 309 Aug. 1 = 1608 408, also *T* = — 309 Aug. 15.33 —309 Aug. 15 $7^h 55^m$ früh bürg. Z. Greenwich.
7. Die berechnete Zeit ist in bürgerlicher Zeit Greenwich (Mitternacht 0) gezählt. Zur Verwandlung in die Zeit eines anderen Ortes ist der Längenunterschied dieses Ortes gegen Greenwich aus einem Atlas oder der Tafel E 101 zu entnehmen und durch Division durch 15 in Stunden und deren Bruchteile oder durch Multiplikation mit 4 in Minuten zu verwandeln. Er ist an die berechnete Zeit für Orte östl. Greenwich positiv, für Orte westlich negativ anzubringen.	Rom: $\lambda = +12\overset{\circ}{.}5 = +50^m$ Neumond: — 309 Aug. 15 $8^h 45^m$ früh bürg. Z. Rom.
8. Um die Unrichtigkeit in den Grundlagen der Schramschen Tafeln zu korrigieren, ist endlich noch die Korrektion aus Tafel E 4 anzubringen.	Korrektion — 12^m —309 Aug. 15 $8^h 33^m$ bürg. Z. Rom.

III. Berechnung nach den Tafeln zur astronomischen Chronologie II.

Die Berechnung einzelner Phasen nach diesen Tafeln, die ebenfalls die Berechnung aller vier Phasen erlauben, ist einfacher, weil die mit einem beliebig gelegten Anfangsdatum ausgeführte Rechnung automatisch die Zeit der gesuchten Phase ergibt.

Die Genauigkeit ist ein wenig geringer als bei Schram, weil die vernachlässigten Glieder sich bis auf 0.03 Tag aufsummieren können.

Die Tafeln sind auf den ungenügenden Elementen der Syzygientafeln von Oppolzer aufgebaut und erfordern daher zur Verbesserung des Fehlers die Berücksichtigung der Korrektion m_5 aus Tafel E 1. Die Berücksichtigung dieser Korrektion erfolgt am einfachsten dadurch, daß sie an das aus den Tafeln berechnete Resultat mit umgekehrtem Vorzeichen angebracht wird.

Das Beispiel in Taf. Chr. II ergab für den vorstehend berechneten Neumond

—309 Aug. 14.81 m. Z. Rom (astronomisch von Mittag).

Mit der Korrektion m_5 aus Tafel E 1 folgt:

—309 Aug. 14.83 m. Z. Rom oder

Aug. 15 7^h 55^m früh bürgerliche Zeit Rom.

Wenn auch der Fehler von 38 Minuten gegen Schram praktisch nicht viel bedeutet, so ist doch sein Wert als der bessere zu betrachten.

IV. Berechnung des Neumondes nach den genauen Tafeln von Schoch (Langdon, Fotheringham, Schoch, The Venus tablets of Ammizaduga, Oxford 1928).

Diese sehr genauen Tafeln liefern nur Neumonde, diese aber auf wenige Minuten genau. Wie Schram, rechnet auch Schoch zyklisch, weshalb von einem Ausgangsdatum ausgegangen wird.

	Jahr	I	II	T
1. Ausgangsdatum T_0 annehmen und nach der ersten Tafel links auf S. I in Jahresbruch verwandeln. Zu beachten ist, daß für negative und positive Jahre verschiedene Spalten gelten.	Neumond — 309 Aug. 15, Rom T_0 = — 309 Aug. 1 = — 309.42			
2. Zyklentafel S. I. Den nächstkleineren Zyklus aufsuchen. Jahr, I, II und T herausschreiben.	— 324.58	595	510	154.425
3. Periodentafel (S. I rechts und S. II). In der vorderen Spalte die Jahreszahl aufsuchen, die zu dem Zyklusjahr addiert, eine Zahl ergibt, die algebraisch größer ist als T_0. Jahr, I, II und T herausschreiben.	15.20	482	199	1168.754
Summe von Jahr, I, II bilden. Hierbei werden bei I und II Tausender einfach fortgelassen[1]).	— 309.38	77	709	
4. Tafel A, Values of T (S. III—VI) vertik. Arg. I, horiz. Arg. II } T interpolieren.	I = 77, II = 709			259
5. Tafel B (S. VII, VIII, linke Hälfte) vertik. Arg. II, horiz. Arg. Jahr } T interpolieren.	II = 709, Jahr — 309			20
Summe aller T bilden.				1323.458

[1]) Die ganz rechts stehende Zahl dT gilt nur für die Neuzeit.

6. Die Jahreszahl ist durch »Jahr« gegeben.	— 309
Tafel C (S. VIII). Zu dem vor dem Komma stehenden Teil von T die nächstkleinere Zahl aufsuchen. Die Differenz gegen T ergibt den Monatstag, die Überschrift der Spalte den Monat. Vgl. auch § 19 III D.	1323 = Aug. 15
Tafel D (S. VIII). Tagesbruch von T in Stunden und Minuten verwandeln.	0.458 = $11^h\,0^m$ Vorm. Babylon
7. Die gefundene Zeit ist bürgerliche Zeit Babylon. Sie kann mit Hilfe der Tafel E in die Zeit einiger wichtiger anderer Orte umgerechnet werden.	Neumond: — 309 Aug. 15 $11^h 0^m$ V. Babylon Rom —2 8 8 52 V. Rom

§ 9. Berechnung von Neulicht und Altlicht.

I. Allgemeines.

Die Sichtbarkeit der Mondsichel bei Neulicht und Altlicht wird folgendermaßen definiert:

> Bei Stellung des Sonnenmittelpunktes im Horizont (ohne Refraktion) muß der Mittelpunkt des Mondes bei einem bestimmten Azimutabstand Δ von der Sonne eine bestimmte Mindesthöhe h_0 haben (h_0 ebenfalls ohne Refraktion).

Diese Bedingung war in Taf. Chr. III durch die Tafel 14 gegeben. Es hat sich herausgestellt, daß beide Wertereihen h_1 und h_2 nicht korrekt sind; hier wird in Tafel E 21 eine verbesserte Tafel nach Schoch gegeben.

Die Grundlage für die Rechnung bilden die Örter von Sonne und Mond im Augenblick des Sonnenunterganges[1]). Es genügt diese Zeit auf 6 Minuten genau zu kennen, weil in dieser Zeit sich der Ort des Mondes nur um 0.05 Grad ändert. Die in Taf. Chr. III gegebenen Tafeln zur Berechnung des Sonnenunterganges sind also hierfür ausreichend genau.

Ausschlaggebend ist die Genauigkeit des Stundenwinkels des Mondes. Der Stundenwinkel des Mondes ist

> Rektaszension Sonne + halber Tagbogen Sonne (ohne Refraktion !) — Rektaszension Mond.

Die Örter von Sonne und Mond müssen also mit Tafeln berechnet werden, die im Endresultat die Genauigkeit von 0.1 Grad verbürgen.

[1]) Bei Altlicht des Sonnenaufganges.

In Absatz III wird eine Methode gegeben, welche allen diesen Schwierigkeiten aus dem Wege geht, indem sie die Berechnung des Stundenwinkels ganz umgeht. Die Methode gilt für alle Breiten bis 60 Grad Breite.

Absatz IV enthält eine vereinfachte Berechnungsweise für Babylon und Jerusalem. (Nur für Neulicht.)

Absatz VI behandelt die von Schoch in seinen genauen »Oxfordtafeln« (Langdon-Fotheringham-Schoch, The Venus tablets of Ammizaduga, Oxford, 1928) angegebene kurze und genaue Methode, die aber nur für Babylon (allenfalls noch Jerusalem) gilt und für andere Breiten nicht zu verwenden ist. (Nur für Neulicht.)

II. Berechnung nach den Tafeln zur astronomischen Chronologie III.

Die beiden dort in § 20 angegebenen Methoden und die zugehörigen Tafeln 14 und 14a sind zu streichen.

Die schwerfällige erste Methode ist nicht korrekt, weil sie infolge der im Tagbogen und im Azimut der Sonne steckenden Refraktion ein entstelltes Resultat liefert. Dieser Fehler hätte durch Korrektionstafeln beseitigt werden können, doch lag bei Abfassung der Tafeln kein Grund dazu vor, weil über die erforderliche Mindesthöhe des Mondes eine Unsicherheit (vgl. die Differenzen zwischen h_1 und h_2) bestand, die mehr ausmachte, als der Fehler in Refraktion bewirkt. Nachdem nun die letztgenannte Unsicherheit beseitigt ist, wird die Methode hinfällig.

Die zweite Methode wird dadurch unkorrekt, daß die Tafel der Neigung der Ekliptik gegen den Horizont nur für die Zeiten der Äquinoktien genügend genau ist. Diese Methode wird hier in Absatz III in völlig strenger Form gegeben.

III. Genaue Berechnung mit den hier gegebenen Tafeln E 21 bis E 26.

Gültig für Neulicht und Altlicht.

Das hier gegebene Verfahren verbürgt bei sehr bequemer Rechnungsweise für beliebige Breiten ein auf $\pm 0^\circ\!.2$ genaues Resultat. Die Rechnung ist viel einfacher als nach den früher in Taf. Chr. III gegebenen Methoden, die, wie unter II gesagt, überdies nicht korrekt waren. Sie ist auch einfacher als die Rechnung nach Schochs Planetentafeln (vgl. V).

Die Bedeutung der in der Rechnung benutzten Größen ist folgende:

c = Distanz Sonne-Mond.

e = Neigung der Ekliptik gegen den Deklinationskreis, der durch den Untergangspunkt der Sonne geht.

m = Winkel zwischen Ekliptik und Distanzkreis Sonne-Mond.

$90 - \varphi \pm e + m$ = Neigung des Distanzkreises Sonne-Mond gegen den Horizont.

	Neulicht +33 März, Jerusalem
1. Vorbereitende Rechnungen. Aus einem Atlas oder der Tafel E 101 werden geographische Länge λ und Breite φ des Ortes entnommen. Aus der Tafel der Mondphasen in Taf. Chr. II wird mit Berücksichtigung der Korrektion m_5 aus Tafel E 1 die Zeit des Neumondes für den Ort berechnet. Neulicht ist frühestens 17 Stunden nach Neumond sichtbar. Die Rechnung wird daher für den auf Neumond folgenden Abend angelegt. Findet der Neumond gleich nach Mitternacht statt, so ist es unter günstigen Umständen (große nördliche Mondbreite) möglich, daß Neulicht schon am Abend dieses Tages zu sehen ist; diese Möglichkeit ist gegebenenfalls nachzuprüfen. Bei Altlicht wird die Rechnung für den Morgen des dem Neumond vorangehenden Tages angelegt. Liegt der Neumond kurz vor Mitternacht, so kann Altlicht schon am Morgen des gleichen Tages gesehen werden.	Jerusalem $\lambda = +35.2^\circ$ $\varphi = +31.8^\circ$ Neumond + 33 März 19 12.5^h bürg. Zeit Jerusalem (mittags). Rechnung für den Abend des folgenden Tages anlegen.
2. Für den Tag des Neulichtes bzw. Altlichtes wird nach Taf. Chr. III § 12 die Zeit T des Sonnenunterganges bzw. Sonnenaufganges berechnet.	T = März 20 18.18^h bürg. Zeit Jerusalem.
3. Für diese Zeit T werden aus den Tafeln in Taf. Chr. II die Länge ⊙ der Sonne und die Länge λ und Breite β des Mondes berechnet. Hierbei sind die Verbesserungen dieser Tafeln nach Taf. E 1 zu berücksichtigen. Ohne Rücksicht auf das Vorzeichen wird gebildet $\Delta\lambda = \lambda - \odot$	$\odot = 358.1^\circ$ $\lambda = 15.0$ $\beta = +0.9$ $\Delta\lambda = 16.9$
4. Tafel E 22 vertik. Arg. $\Delta\lambda$, horiz. Arg. β } $c - \Delta\lambda$ interpolieren. Das Vorzeichen von β bleibt dabei unbeachtet. Weiter bilden $c = \Delta\lambda + (c - \Delta\lambda)$	$\Delta\lambda = 16.9^\circ$, $\beta = +0.9$ } $c - \Delta\lambda = 0.0^\circ$ $c = 16.9^\circ$

c ist positiv und gleich oder größer als $\Delta\lambda$.	
5. Tafel E 23 vertik. Arg. $\odot$ } e interpolieren horiz. Arg. φ und bilden $N = 90^\circ - \varphi + e$ für Neulicht $N = 90^\circ - \varphi - e$ für Altlicht.	$\odot = 358°.1$ } $e = 23°.7$ $\varphi = 31.8$ $90 - \varphi = 58.2$ $N = 81.9$
6. Tafel E 24 vertik. Arg. β } m interpolieren. horiz. Arg. $\Delta\lambda$ m erhält das Vorzeichen von β. Weiter bilden $E = N + m$	$\beta = +0°.9$ } $m = +3°.1$ $\Delta\lambda = 16.9$ $E = 85°.0$
7. Tafel E 25 vertik. Arg. E } Δ interpolieren. horiz. Arg. c Tafel E 26 vertik. Arg. E } h interpolieren. horiz. Arg. c	$E = 85°.0$ } $\Delta = 1°.5$ $c = 16.9$ $E = 85°.0$ } $h = 16°.9$ $c = 16.9$
8. Tafel E 21 liefert für das berechnete Δ die für Sichtbarkeit der Sichel erforderliche Mindesthöhe h_0 des Mondes: h größer als h_0: Sichel sichtbar h kleiner als h_0: Sichel unsichtbar.	$\Delta = 1°.5$: $h_0 = 10°.4$ h größer als h_0: Sichel am Abend des 20. März +33 in Jerusalem sichtbar.

Vergleichen wir das Ergebnis mit dem in Taf. Chr. III § 20 berechneten Beispiel, so ergibt sich, daß die jetzige Berechnungsweise viel einfacher ist. Der Fehler der Refraktion in dem früheren Beispiel zeigt sich darin, daß die berechnete Höhe des Mondes um 0.8 Grad zu klein ausfällt und daß außerdem eine Abweichung in der Azimutdifferenz Sonne-Mond erscheint. Die zweite Methode aus Taf. Chr. III hat hier zufällig das genau richtige Resultat ergeben, weil der Winkel e in der Nähe der Äquinoktien korrekt ist.

Die umständliche Berechnung des Mondortes läßt sich durch Fortlassen der Argumente D, E, H und der mit ihnen berechneten Störungen etwas vereinfachen. Sollte dann aber zufällig h nahe gleich h_0 werden, so ist in diesen seltenen Fällen die unterlassene Rechnung nachzuholen.

IV. Vereinfachte Berechnungsweise für Babylon und Jerusalem.

Die speziell für die Breite von Babylon berechnete Tafel E 20 erlaubt es, die Rechnung auf das geringste Maß einzuschränken. Sie gibt mit den Argumenten Sonnenlänge und Mondbreite die für Sichtbarkeit der neuen Sichel in Babylon erforderliche Mindestdistanz von Mond und Sonne an.

Die Tafel gilt streng für Babylon, kann aber auch für das nur wenig südlicher liegende Jerusalem benutzt werden, wenn die Mondbreiten zwischen + 3 und —3 liegen. Bei größeren nördlichen und südlichen Breiten ist in Zweifelsfällen nach III nachzurechnen.

Die ganze Rechnung ist jetzt folgende:	Neulicht +33 März 20, Jerusalem.
1. Die Vorschriften 1 bis 3 des vorhergehenden Absatzes III durchrechnen. $\Delta\lambda = \lambda - \odot$ bilden.	$\odot = 358\overset{\circ}{.}1$ $\lambda = 15.0 \quad \beta = +0\overset{\circ}{.}9$ $\Delta\lambda = 16.9$
2. Tafel E 20 vertik. Arg. $\odot$ } $\lambda - \odot$ interpolieren. horiz. Arg. β } $\Delta\lambda$ größer als $\lambda - \odot$: Sichel sichtbar. $\Delta\lambda$ kleiner als $\lambda - \odot$: Sichel unsichtbar.	$\left.\begin{array}{l}\odot = 358\overset{\circ}{.}1\\ \beta = +0.9\end{array}\right\} \lambda - \odot = 10.4$ $\Delta\lambda$ größer als $\lambda - \odot$, die Sichel am Abend des 20. März also gewiß sichtbar.

Bemerkt sei, daß die Tafel E 20 auf den in Tafel E 21 gegebenen Mindesthöhen h_0 des Mondes beruht und hinfällig wird, falls andere Mindesthöhen zugrunde zu legen sind.

Zur Vorsicht sei noch folgendes geraten: Wenn der Tafelwert aus E 20 sich von dem berechneten Wert $\lambda - \odot$ um weniger als 0.3 Grad unterscheidet, so ist die Rechnung nach III auszuführen, um sicher zu gehen. Das gilt besonders dann, wenn man die Tafel für Jerusalem benutzt, wo der Fehler bei großer Mondbreite sogar bis $0\overset{\circ}{.}7$ anwachsen kann.

V. Berechnung des Neulichtes nach Schochs Planetentafeln.

Das von Schoch in den Planetentafeln angegebene Verfahren entspricht genau der schwerfälligen ersten Methode aus Taf. Chr. III § 20.

Schoch benutzt dabei Hilfstafeln, die für Babylon gelten; es ist also nur möglich, das Neulicht für Babylon oder allenfalls noch Jerusalem nach seinen Planetentafeln zu rechnen.

Durch die beiden vorstehend unter III und IV angegebenen Methoden ist dieses Verfahren an Bequemlichkeit weit überholt. Außerdem hat Schoch es selbst durch ein besseres ersetzt, das im folgenden Absatz behandelt ist.

VI. Berechnung des Neulichtes für Babylon (oder Jerusalem) nach Schochs „Oxfordtafeln“ (Langdon-Fotheringham-Schoch, The Venus tablets of Ammizaduga, Oxford 1928).

	Jahr	I	II	T	L	ϑ
1. Ausgangsdatum T_0 annehmen und nach der ersten Tafel links auf S. I in Jahresbruch verwandeln. Zu beachten ist, daß für negative und positive Jahre verschiedene Spalten zu benutzen sind.	Neulicht +33 März, Jerusalem T_0 = +33 März 1 = +33.16					
2. Zyklentafel S. I. Den nächstkleineren Zyklus aufsuchen und *Jahr, I, II, T, L, ϑ* herausschreiben.	30.87	984	949	1048.553	230.26°	309.2
3. Periodentafel S. I rechts und S. II. In der vorderen Spalte die Jahreszahl aufsuchen, die, zu dem Zyklusjahr addiert, eine Zahl ergibt, die algebraisch größer ist als T_0. *Jahr, I, II, T, L, ϑ* herausschreiben. Summen von *Jahr, I, II* und *ϑ* bilden. Bei *I* und *II* werden Tausender einfach fortgelassen.	2.34	80	345	856.384	124.09	45.4
	33.21	64	294			354.6
4. Tafel A (S. III—VI), Values of T vertik. Arg. *I*, horiz. Arg. *II* } *T* interpolieren.	*I* = 64, *II* = 294			.265		
Tafel A, Values of L vertik. Arg. *I*, horiz. Arg. *II* } *L* interpolieren.	*I* = 64, *II* = 294				.63	
5. Tafel B (S. VII, VIII) vertik. Arg. *II*, horiz. Arg. *Jahr* } links *T*, rechts *L* } interpolieren. Summe aller *T* und *L* bilden und rechnen: $u = \odot + \vartheta$, wo $\odot$ die Summe der *L* ist.	*II* = 294, Jahr +33			.368	+1.91	*u* =
				1905.570 = *T*	356.89° = $\odot$	351.5°
6. Die Jahreszahl ist durch »Jahr« gegeben.	+33					
Tafel C (S. VIII). Zu dem vor dem Komma stehenden Teil von *T* die nächstkleinere Zahl aufsuchen. Die Differenz gegen *T* ergibt den Monatstag, die Überschrift der Spalte den Monat (vgl. § 19 III D).	März 19					
Tafel D (S. VIII). Den Tagesbruch von *T* in Stunden und Minuten verwandeln. Die gefundene Zeit ist die Zeit des Neumondes, gerechnet in bürgerl. Zeit Babylon.	13^h 41^m Babylon —37 (Tafel E) 13 4 Jerusalem = März 19 13.1^h					

7. Tafel G (S. IX) vertik. Arg. ☉ } Korr. interpolieren. horiz. Arg. u	☉ = 357° } Korr. +20.3 u = 351
8. Tafel H. Aus den beiden Tafeln, deren Überschrift ☉ den berechneten Wert ☉ einschließt: vertik. Arg. I } Korr. interpolieren. horiz. Arg. u Die beiden gefundenen Werte, die für runde Werte von ☉ gelten, nach ☉ interpolieren.	I = 64 } ☉ = 360° ☉ = 300 u = 351 — 2.1 — 2.2 ☉ = 357 Korr. —2.1
9. Beide Korrektionen an die unter 6 berechnete Zeit des Neumondes anbringen. Liegt die neue Zeit später als 18 Uhr des auf Neumond folgenden Tages, so ist Neulicht unsichtbar; liegt sie früher, so ist Neulicht sichtbar.	März 20 7.3 h Die Zeit liegt früher als 18 h, Neulicht sichtbar.

§ 10. Konjunktionen des Mondes mit Sternen oder Planeten.

I. Allgemeines.

Der Mond bewegt sich in der Nähe der Ekliptik; es kommen daher von Sternen nur solche in Betracht, die in der Nähe der Ekliptik stehen.

Die Beobachtungen des Altertums sind in Länge und Breite gegeben, daher werden bei derartigen Untersuchungen auch die Mondörter zweckmäßig in Länge und Breite berechnet.

Schoch gibt in seinen Planetentafeln die Örter der wichtigsten Ekliptikalsterne von 0 bis —2500 in Länge und Breite an; es sind folgende Sterne:

Aries: α, β	Libra: α, β
Taurus: α (Aldebaran) β, δ, η, ζ	Scorpius: α (Antares), β, γ, δ
Gemini: α (Pollux), β (Castor) γ, δ, ε, ζ, η, μ	Ophiuchus: η, ϑ
	Sagittarius: λ, μ, π, σ
Cancer: γ, δ, ε, ϑ	Capricornus: β, γ, δ, ψ, ω
Leo: α (Regulus), β, ε, ϑ, ϱ	Aquarius: ι, λ
Virgo: α (Spica), β, γ, η	Pisces: ζ, η, λ, ω
	Cetus: ι

Für andere Sterne wird auf die Taf. Chr. I (Sterntafeln) zurückzugreifen sein; dann sind Rektaszension und Deklination nach Taf. Chr. III § 21 oder hier § 20 in Länge und Breite zu verwandeln.

Die Konjunktionen mit Sternen wiederholen sich nach jedem siderischen Monat von 27.3 Tagen zu einer anderen Tagesstunde; gleichzeitig tritt, weil die Phasen sich erst nach 29.5 Tagen wiederholen, eine Verschiebung gegen diese ein. Eine weitere Verschiebung erfolgt durch die allmähliche Verlagerung der Knotenlinie, die in 18.63 Jahren einmal umläuft.

Das Spiel der Erscheinungen ist danach so mannigfaltig, daß es möglich ist, aus Angaben über Konjunktionen mit Sternen auf die Zeit des Textes zu schließen. Allerdings sind dazu, wenn die Zeit des Textes nicht wenigstens genähert bekannt ist, langwierige Versuchsrechnungen notwendig. Die Aussicht auf Erfolg wird dann am größten sein, wenn außer Sternen auch noch Planeten genannt sind, deren eigene Bewegung erschwerende Bedingungen einführt.

Bei der chronologischen Verwertung von Konjunktionen des Mondes mit Sternen oder Planeten sind die folgenden unter II bis IV genannten Fälle zu unterscheiden.

II. Außer Monat und Tag der Konjunktion ist das Jahr aus irgend einem Anhalt ersichtlich.

Dieser einfachste Fall läßt sich durch Berechnung einer Mondephemeride erledigen.

Bei Texten dieser Art wird es möglich sein, unbekannte Sterne aus den für sie gemachten Angaben festzustellen; es ist nicht ausgeschlossen, daß außer den oben genannten Sternen noch andere in Frage kommen.

Bei einem unbekannten Stern wird man folgendermaßen verfahren: Für die betreffende Nacht wird eine genaue Mondephemeride (vgl. § 5 III) mit Berücksichtigung der Mondparallaxe (§ 7) berechnet; λ und β werden nach § 20 in α und δ verwandelt. Die Ephemeridenörter werden auf Koordinatenpapier eingezeichnet und nach den Sterntafeln in Taf. Chr. I alle in diese Gegend fallenden Sterne eingetragen. Dabei beschränkt man sich natürlich auf die Sterne, die innerhalb 10 Grad Abstand von der Mondbahn sich befinden.

Findet sich in den Sterntafeln kein passender Stern, so wird die Karte mit einem guten Sternatlas (z. B. Schurig, Tabulae caelestes) verglichen und fehlende Sterne werden nach Augenmaß in die gezeichnete Karte übertragen, wobei es auf größte Genauigkeit nicht ankommt.

III. Monat und Tag der Konjunktion sind bekannt, das Jahr aber nur unsicher bekannt.

Diese Aufgabe, das unbekannte Jahr zu ermitteln, ist viel interessanter, aber auch viel umständlicher als die unter II behandelte Aufgabe.

Hier wird die Aussicht auf Erfolg wesentlich davon abhängen, ob außer Sternen auch noch Planeten genannt sind. Die Schwierigkeiten, die die Behandlung eines solchen Textes bietet, werden am besten an einem fingierten Beispiel erläutert.

Ein zwischen —500 und —491 liegender babylonischer Text enthalte die Angabe, daß der Mond am 8. Nisan bei ε Leonis gestanden habe; das Jahr ist festzulegen.

Das Beispiel ist günstig gewählt, denn in der Regel wird der Spielraum in der Zeit weit größer sein.

Nach Schochs Tafeln hat ε Leonis um —500 die Länge 106.°0. Nun werden nach § 4 V B für Mitternacht des 8. Nisan —500 bis —490 genäherte Mondlängen berechnet. Hier ergibt sich das erste Dilemma: Verwandelt man das babylonische Datum nach Schochs Tafel auf S. 15 seiner Planetentafeln in das julianische Datum oder legt man den jüdischen Kalender nach Schrams Kalendariographischen Tafeln zugrunde? Wir tun beides:

8. Nisan (Schoch)		λ Mond Mitternacht °	8. Nisan (Schram)	λ Mond Mitternacht °
—500	April 9	106.2	April 8	94.1
—499	März 30	107.6	März 28	83.9
—498	April 18	129.7	18	84.8
—497	7	118.3	April 7	118.2
—496	25	138.4	März 25	87.7
—495	14	119.8	14	66.2
—494	4	112.7	April 3	98.1
—493	23	130.0	März 24	92.7
—492	11	112.0	April 10	99.1
—491	März 31	99.4	März 30	87.4

Wir sehen, daß beide Kalender sich erheblich voneinander unterscheiden. Nach Schrams Kalender ist eine Konjunktion am 8. Nisan nirgends möglich. Das war zu erwarten. Der von Schram gegebene jüdische Kalender ist seine endgültige, im 4. oder 5. Jahrhundert nach Chr. festgestellte Form. Der altjüdische Kalender vor +300 war höchstwahrscheinlich mit dem babylonischen Kalender, den Schoch gibt, identisch.

Da der 1. Nisan auf Neulicht fällt, so befindet sich am 8. Nisan der Mond im ersten Viertel; d. h. er steht bei Sonnenuntergang in der Nähe des Meridians und geht gegen Mitternacht unter. Die Beobachtungszeit kann also nur zwischen 7 Uhr abends und Mitternacht liegen. Die Mondlängen sind für Mitternacht gerechnet und sind vorher pro Stunde um 0.5 Grad kleiner. Daraus folgt, daß Konjunktionen mit ε Leonis, λ 106.°0 am 8. Nisan nur in den beiden Jahren —500 und —499 möglich sind.

Zur Entscheidung, welches Jahr zu wählen ist, sind weitere Angaben nötig.

IV. Das Jahr der Konjunktion ist ganz unbekannt.

Die Unsicherheit des Ergebnisses bei dem schon an sich günstig gewählten Beispiel von Absatz III zeigt deutlich, daß bei ganz unbekanntem Jahr die Aufgabe auf ein reines Rätselraten hinausläuft. Wenn nicht irgend eine ungewöhnliche Erscheinung, wie etwa eine Finsternis mitgeteilt ist, bleiben alle Versuche nur ein tastendes Raten und das Ergebnis wird die aufgewendete Mühe nicht lohnen.

§ 11. Berechnung von Sternbedeckungen.

I. Allgemeines.

Bedeckungen von Sternen durch den Mond sind seltene und für Datierungen sehr wertvolle Erscheinungen. Mit freiem Auge zu beobachten sind nur die Bedeckungen der hellen Sterne Aldebaran, Regulus, Spica und Antares oder Bedeckungen der Planeten.

Die Angaben über die Stunde der Bedeckung werden im allgemeinen nicht sehr genau sein.

Bei Vollmond sind Bedeckungen des hellen Lichtes des Mondes wegen kaum zu sehen. Leicht zu beobachten sind dagegen Eintritte am dunklen Rand des zunehmenden Mondes und Austritte am dunklen Rande des abnehmenden Mondes. Mit anderen Worten, Bedeckungen werden meist in den Abend- oder Morgenstunden beobachtet worden sein.

Sternbedeckungen sind möglichst genau nachzurechnen. Wenn auch K. Schoch in seinen Planetentafeln zeigt, daß die Genauigkeit von 0.1 Grad schon ein gutes Resultat gibt, so wird die Nachrechnung seines Beispiels mit der größeren Genauigkeit von 0.01 Grad zeigen, daß die jetzt erreichte Genauigkeit der einer ganz scharfen Rechnung schon recht nahekommt. Die Mondparallaxe muß hier natürlich berücksichtigt werden.

Um zwecklose Rechnungen zu sparen, empfiehlt es sich, durch Berechnung der Zeit des Neumondes erst zu prüfen, ob erstes oder letztes Viertel vorliegt. Die Mondephemeride wird im ersten Fall nur für die Abendstunden, im zweiten nur für die Morgenstunden berechnet.

II. Die Berechnung einer Sternbedeckung.

	Bedeckung von Spica +98 Jan. 11, $6^h\,15^m$ früh, Rom.
1. Der Ort des Sterns wird aus den Sterntafeln in Taf. Chr. I entnommen und mit den genauen Tafeln E 11 bis E 13 in Länge und Breite verwandelt (vgl. § 20).	Spica +98 $\lambda = 177.^\circ 40 \quad \beta = -1.^\circ 92$

2. Nach der Mondphasentafel in Taf. Chr. II wird der nächstliegende Neumond berechnet und festgestellt, ob zunehmender oder abnehmender Mond vorliegt.

Neumond Jan. 20.8; am 11. Jan. befindet sich der Mond also nahe am letzten Viertel.

---

3. Nach den Tafeln in Taf. Chr. II wird eine genaue Mondephemeride in dreistündigem Intervall (vgl. § 5 III) gerechnet, bei zunehmendem Mond für die erste Nachthälfte, bei abnehmendem Mond für die zweite.

Die Ephemeride wird nach § 5 IV auf einstündiges Intervall interpoliert.

Ephemeride für die Zeit nach Mitternacht:

	h	λ °	β °
Rom	3 früh	175.88	—1.33
	6	177.54	—1.20
	9	179.22	—1.04

Interpoliert:

h	°	°
3	175.88	—1.33
4	176.43	—1.29
5	176.99	—1.24
6	177.54	—1.20
7	178.10	—1.15
8	178.66	—1.09
9	179.22	—1.04

---

4. Durch Vergleichung des Sternortes mit der Ephemeride wird genähert festgestellt, zu welcher Zeit die Bedeckung stattfindet.

Für die drei diese Zeit einschließenden Punkte der Ephemeride wird nach § 7 die Mondparallaxe berechnet.

Mond erreicht die Länge von Spica 177.40° gegen 6 Uhr morgens.

Parallaxe für 5^h, 6^h und 7^h zu rechnen.

h	$\Delta\lambda$ °	$\Delta\beta$ °
5	+0.17	—0.62
6	+0.01	—0.69
7	—0.12	—0.76

Ephemeride, für Parallaxe korrigiert:

h	λ °	β °
5	177.16	—1.86
6	177.55	—1.89
7	177.98	—1.91

5. Die Ableitung von Zeit des Eintrittes und Austrittes geschieht auf graphischem Wege, weil das für Nichtastronomen viel anschaulicher ist als das Hantieren mit Zahlen.

Mit dem Maßstab 1 Grad = 10 cm werden der Ort der Spica und die drei Ephemeridenörter für 5, 6 und 7 Uhr aufgetragen (siehe Fig. 12). Die scheinbare Bahn des Mondes, durch den Pfeil kenntlich gemacht, ist nahezu eine gerade Linie; auf ihr werden noch die Stellungen des Mondes für $5^h 30^m$ und $6^h 30^m$ markiert.

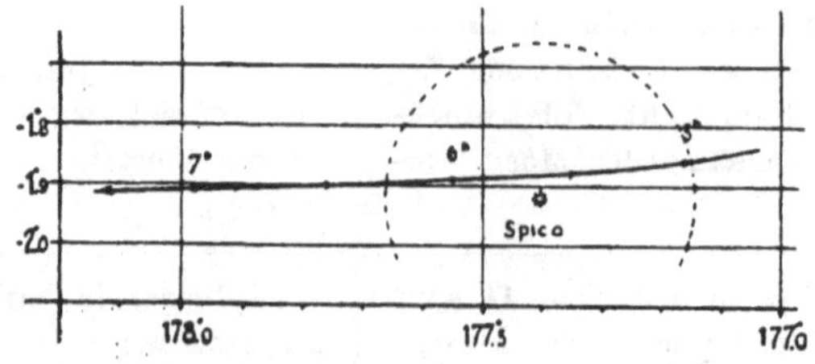

Spica-Bedeckung +98 Jan. 11, Rom

Fig. 12.

Der Halbmesser *H* des Mondes ergibt sich aus Taf. Chr. III Taf. 46 zu 0.26 Grad. Mit diesem Radius wird um Spica der gestrichelte Kreis geschlagen. Er schneidet die Mondbahn in zwei Punkten, die kurz vor dem Punkt für 5 Uhr und ziemlich genau in der Mitte zwischen 6 Uhr 0 und 6 Uhr 30 liegen.

Der Mond bewegt sich in der Richtung des Pfeiles; der erste Punkt gibt also die Zeit des Eintrittes, der zweite die des Austrittes an.

Der Mond ist abnehmender Mond, sein vorangehender Rand also erleuchtet. Mithin fand der Eintritt am hellen Rand kurz vor 5 Uhr früh bürgerl. Zeit Rom statt. Der Austritt um 6 Uhr 15 Minuten bürgerl. Zeit Rom erfolgte am dunklen Mondrand und wurde beobachtet.

III. Beurteilung der Genauigkeit des Resultates.

Die graphische Darstellung zeigt deutlich die Notwendigkeit, mit 0.01 Grad zu rechnen. Die Abrundungen in der Rechnung können etwa 0.03 ausmachen, d. h. die Mondörter können um 3 Millimeter falsch liegen. Rechnet man nach Schochs Planetentafeln, so ergibt sich bestenfalls eine Unsicherheit von 0.1 Grad, d. h. von 10 Millimeter.

Die bei der Berechnung der Mondörter gegenüber einer ganz genauen Rechnung vernachlässigten kleinen Störungen können sich ferner zufällig anhäufen und bewirken, daß die in der Karte gezeichneten Mondörter um insgesamt 0.05 Grad = 5 Millimeter unsicher werden.

Nun sind aber die Zeitangaben des Altertumes sehr ungenau. Man kann daher sagen, daß die oben ausgeführte Rechnung genau so viel ergibt wie eine ganz strenge Berechnung. Für historische Zwecke ist die erlangte Genauigkeit mehr als genügend.

§ 12. Konjunktionen von Planeten mit einander und mit Sternen.

I. Allgemeines.

Konjunktionen von Planeten sind sehr auffällige Erscheinungen. Infolge der Bedeutung, welche die Astrologie ihnen beilegte, wurde ihnen im Mittelalter besondere Beachtung geschenkt und dieser Umstand sowie ihre relative Seltenheit macht sie wertvoll für Datierungen.

II. Berechnung einer Konjunktion Jupiter-Saturn für gegebene Zeit.

Die Rechnung läßt sich mit den Tafeln E 27 bis E 35 vollständig erledigen. Bei dieser Rechnung werden die Jahre und ihre Bruchteile in algebraisch richtiger Weise gezählt, wie dies in § 3 auseinandergesetzt worden ist. Bei dieser Zählung bedeutet —4.91 ein Datum im Jahre —5! Durch die Verwandlungstafeln, die beigegeben sind, wird diese Zählweise am Schluß der Rechnung in die normale Zählweise übergeführt.

	Konjunktion Jupiter-Saturn im Jahre —6.				
1. Jahreszahl als Summe von Zyklus und Periode aus Tafel E 27 und E 28 ausdrücken.	Zyklus T_1 —4.91 Periode T_2 0.00				
	T	L	E	M	m
2. Tafel E 27. Die neben dem Jahr des Zyklus stehenden Zahlen T_1 L_1 E_1 M_1 m_1 herausschreiben.	—5.91	338.7	220	18	306
Tafel E 28. Die Periode T_2 und die neben ihr stehenden Zahlen L_2 E_2 M_2 m_2 herausschreiben.	0.00	0.0	0	0	0
Summen bilden: $M = M_1 + M_2$ $m = m_1 + m_2$				18 M	306 m
3. Tafel E 30, Arg. $T_1 + T_2$. T_3, L_3, E_3 interpolieren.	T_3 0.01	0.2	3		
4. Tafel E 31. 2. Spalte: mit Arg. M T_4 } inter- 3. Spalte: mit Arg. m T_5 } polieren.	T_4 0.24 T_5 0.05				
5. Tafel E 32 vertik. Arg. M } T_6 interpolieren. horiz. Arg. $T_4 + T_5$ } Tafel E 33 vertik. Arg. m } T_7 interpolieren. horiz. Arg. $T_4 + T_5$ }	T_6 0.19 T_7 0.06				
6. Tafel E 34, Arg. $T_4 + T_5 + T_6 + T_7$. L_4 und E_4 herausschreiben.		8.8	105		
7. Zeit der heliozentrischen Konjunktion $T_0 = T_1 + T_2 + T_3 + T_4 + T_5 + T_6 + T_7$ Heliozentr. Länge von Jupiter u. Saturn $L = L_1 + L_2 + L_3 + L_4$ Heliozentr. Länge der Erde $E = E_1 + E_2 + E_3 + E_4$	—5.36 T_0	347.7 L	328 E		

8. $L-E$ bilden. $L-E$ wird zwischen 0° und 180° positiv oder negativ gerechnet. Tafel E 35: Mit Arg. $L-E$ die Größe T' interpolieren; für negatives $L-E$ sind die Vorzeichen von T' umzukehren. Zeit der geozentrischen Konjunktion T_0+T' Bei $L-E$ kleiner als 30 Grad finden mehrere Konjunktionen rasch nacheinander statt; die Tafel liefert dann mehrere Werte T'.	$L-E = +20^\circ$ T' (3 Werte!) —0.25 +0.13 +0.28 T_0+T' —5.61 —5.23 —5.08
9. Jahresbruch nach Tafel E 29 in Monat und Tag verwandeln. Bei negativen Jahren die Anmerkung beachten.	—6 Mai 22, Okt. 8, Dez. 2
10. Die geozentrischen Längen der Planeten ergeben sich durch direkte Berechnung nach den Tafeln in Taf. Chr. II oder genähert nach Taf. Chr. III § 27.	—6 Mai 22 Jupiter 351° Saturn 352° Okt. 8 348 348 Dez. 2 347 345

11. Beurteilung der erlangten Genauigkeit.
Die genaue Rechnung ergibt folgende Werte:

			Vorstehende Rechnung	
Heliozentr. Konjunktion —6	Aug. 31,	Länge 348°	Aug. 22	348°
Geozentr. Konjunktion	Mai 28	350.8	Mai 22	352
	Okt. 3	347.2	Okt. 8	348
	Dez. 4	345.5	Dez. 2	346

Die Übereinstimmung ist recht gut.

III. Genäherte Berechnung einer Konjunktion Jupiter-Saturn
(in dem Fall, daß das Jahr unbekannt ist).

Genäherte Rechnungen werden nur in den Fällen ausgeführt, in denen es sich darum handelt, das unbekannte Jahr einer Konjunktion aufzufinden. Von der Konjunktion muß außer der Jahreszeit bekannt sein, in welcher Gegend des Tierkreises sie stattfand. Ist dies nicht bekannt, so ist jeder Versuch, die Konjunktion festzustellen, aussichtslos.

Es sind durch Versuchsrechnungen die Konjunktionen auszusuchen, die der gegebenen Bedingung genügen. Um zweckloses Rechnen zu ersparen, begnügt man sich mit der Berechnung der heliozentrischen Konjunktionen in mittlerer Länge, die natürlich von den in scheinbarer geozentrischer Länge sowohl der Zeit als dem Ort am Himmel nach verschieden sind.

Welche Konjunktionen Jupiter-Saturn fallen zwischen —1200 und —400 in das Sternbild des Löwen?

1. Ist die Stellung in einem Tierkreis**bild** angegeben, so ist zunächst nach Taf. Chr. III Tafel 38 a und 38 b die Lage und Ausdehnung des Bildes festzustellen.

Ist das **Zeichen** angegeben, z. B. bei den astrologischen Angaben des Mittelalters, so sind die entsprechenden 30 Grad der Ekliptik anzusetzen (S. 20).

Weil die heliozentrische mittlere Konjunktion von der geozentrischen dem Ort nach etwas verschieden ist, so sind zur Sicherheit auf beiden Seiten 10 Grad in Länge zuzugeben.

Löwe:	—1200	112°	±18°
	— 800	117	
	— 400	123	

also bei Zugabe von 10° auf beiden Seiten

—1200	84° bis 140°
— 800	89 bis 145
— 400	95 bis 151

2. Aus den Tafeln E 27 und E 28 werden alle Werte $T_1 L_1$ und $T_2 L_2$ herausgeschrieben, für die $L_1 + L_2$ in die unter 1 berechneten Grenzen in Länge fällt. Dabei sind aber die in der Tafel E 27 angegebenen Konstanten zuzulegen!

Die möglichen Fälle sind:

Periode Nr.	$T_1 + T_2$	$L_1 + L_2$
30	—997.85	91.8°
33	—938.28	100.8
36	—878.70	109.7
39	—819.12	118.6
2	—759.55	127.4
5	—699.98	136.3
8	—640.40	145.2

3. Die auf diese Weise gefundenen Möglichkeiten sind nun durch genauere Rechnung nach dem vorigen Absatz nachzuprüfen.

Das Herausfinden der richtigen Konjunktion hängt wesentlich davon ab, ob noch besondere Angaben, wie etwa die Jahreszeit, gemacht sind.

IV. Konjunktionen von Mars mit Jupiter oder Saturn.

Die Tafeln E 36 und E 37 liefern die heliozentrischen Konjunktionen Mars-Jupiter, die Tafeln E 38 und E 39 die heliozentrischen Konjunktionen Mars-Saturn, beide in mittlerer Länge.

1. Berechnung der heliozentrischen Konjunktion (mittl. Länge).

Durch Zulegen der Perioden $T_2 L_2$ aus E 37 bzw. E 39 zu einem entsprechend gewählten Zyklus $T_1 L_1$ erhält man alle in einen gegebenen Zeitraum fallenden Konjunktionen. $T_1 + T_2$ ist die Zeit der heliozentr. Konjunktion, $L_1 + L_2$ die mittlere Länge, in der sie stattfindet,

z. B. Mars-Saturn

$$T_1 = +1425.6 \qquad L_1 = 223^\circ$$
$$T_2 = 52.2 \qquad L_2 = 279$$
$$T_1 + T_2 = 1477.8 \qquad L_1 + L_2 = 142$$

Der Jahresbruch von $T_1 + T_2$ wird nach Tafel E 40 in Monat und Tag verwandelt. Die geozentrische Konjunktion, die allein interessiert, kann von der heliozentrischen mehrere Monate entfernt liegen.

2. Berechnung der geozentrischen Konjunktion.

Nach den Vorschriften von § 6 werden genäherte Ephemeriden der beiden Planeten berechnet. Die genäherten geozentrischen Längen dieser Ephemeriden werden nach der Zeit auf Koordinatenpapier aufgetragen, wodurch sich für jeden Planeten eine Kurve ergibt. Der Schnittpunkt der beiden Kurven gibt die Zeit der geozentrischen Konjunktion und die Länge in der sie stattfindet.

Ein vollständiges Beispiel für Mars-Saturn ist in Abschnitt XI des ersten Teiles des Buches durchgerechnet.

3. Aufsuchung des unbekannten Jahres einer Konjunktion.

Hier gilt das Gleiche, was in Absatz III für Jupiter und Saturn gesagt wurde. Die Grenzen der Sternbilder oder Zeichen müssen aber bei Mars um 30 bis 40 Grad nach beiden Seiten erweitert werden. Bei der schnellen Bewegung des Mars ergeben sich so viele Möglichkeiten, daß sehr weitläufige Rechnungen erforderlich sind und das Jahr doch unsicher bleibt, wenn nicht noch andere Angaben oder ein genäherter Anhalt für die Zeit vorliegen.

V. Konjunktionen von Merkur oder Venus mit Planeten.

Konjunktionen der schnellaufenden Planeten Merkur und Venus miteinander oder mit anderen Planeten lassen sich nur mit Hilfe genäherter Ephemeriden (§ 6) nachrechnen.

Das Jahr muß hier wenigstens genähert bekannt sein; die Aufsuchung eines völlig unbekannten Jahres ist so gut wie aussichtslos.

VI. Konjunktionen von Planeten mit Sternen.

Das Jahr muß genähert bekannt sein. Zunächst wird durch Berechnung genäherter Ephemeriden (§ 6) das Jahr und der genäherte Tag ermittelt, worauf die Angaben genau nachgerechnet werden.

Ist das Jahr unbekannt, so läßt es sich nur dann ermitteln, wenn noch weitere Angaben anderer Art oder für andere Planeten vorliegen; dazu sind allerdings weitläufige Versuchsrechnungen in Form genäherter Ephemeriden erforderlich.

§ 13. Allgemeine Orientierung über Finsternisse und ihre Behandlung.

I. Vorbemerkungen.

Sonnenfinsternisse gehören zu den seltensten Himmelserscheinungen und sind daher für Datierungen von größtem Wert.

Die Auffälligkeit einer Finsternis richtet sich nach ihrer Größe. Eine Finsternis von 12 Zoll (1 Zoll = $^1/_{12}$ des Durchmessers) ist total oder ringförmig. Die totale Finsternis, bei der die Sonne vollständig bedeckt wird, ist viel auffälliger als eine nur ringförmige, bei der kein völliges Dunkel eintritt; die alten Berichte betonen immer besonders, daß es »Nacht wurde«. Bei Finsternissen von 10 bis 11 Zoll ist eine deutliche Abnahme des Tageslichtes zu bemerken, während Finsternisse von nur 9 Zoll bei hohem Sonnenstand schon unbemerkt vorbeigehen können. Bei tiefem Sonnenstand ist bereits eine kleinere Phase leicht wahrzunehmen.

Der Bezirk der größten Auffälligkeit der Finsternis liegt in der zentralen Zone und zu beiden Seiten derselben. Infolge dieser Beschränkung, daß der Beobachtungsort nicht allzuweit von der Zentralkurve entfernt sein darf, fällt aus der Reihe der an einem Ort überhaupt sichtbaren Finsternisse der größte Teil als zu unbedeutend ganz für chronologische Untersuchungen aus.

Ein Beispiel erläutert die Verhältnisse am besten: In Rom waren von 0 bis +600 insgesamt 224 Sonnenfinsternisse sichtbar; davon waren nur 13 größer als 11 Zoll und von diesen 13 wieder waren nur zwei, die Finsternisse von 418 und 540, total und die von 359 ringförmig. Zwischen —200 und +350 war in Rom keine Sonnenfinsternis zentral! In dieser Seltenheit liegt der hohe chronologische Wert von Sonnenfinsternissen begründet.

Mondfinsternisse sind an sich seltener als Sonnenfinsternisse, aber ihre Sichtbarkeit ist nicht wie bei diesen an eine verhältnismäßig schmale Zone gebunden. Mondfinsternisse sind auf der ganzen Erdhälfte, für die der Mond über dem Horizont steht, sichtbar; auch kleine Phasen sind leicht zu bemerken, so daß Mondfinsternisse an einem bestimmten Ort fast alljährlich eintreten.

Die Größe der Finsternis wird wieder nach Zoll angegeben. Finsternisse von 12 Zoll und mehr sind total, unter 12 Zoll partiell.

Bei ihrer großen Häufigkeit werden Mondfinsternisse chronologisch meist nur in dem Sinne zu verwerten sein, eine bereits mehr oder weniger sichere Datierung zu bestätigen. Es ist beinahe ausgeschlossen, eine Mondfinsternis zu bestimmen, wenn der Bericht nicht irgend einen Anhalt für die Zeit bietet, auf die er sich bezieht.

Ein Beispiel hierfür bieten zwei von Jastrow »Die Religion Babyloniens« auf S. 554 und 558 angegebene Omina, die zwei Mondfinsternisse in Beziehung zur Zerstörung von Gutium und Ur bringen. C. Schoch hat in »Die Ur-Finsternis, eine Hypothese« (Steglitz, Selbstverlag), diese beiden Finsternisse als die von —2402 und —2282 feststellen können, indem er nach Fotheringham für die Zerstörung von Ur rund —2300, für die von Gutium —2400 annahm. Ohne die Hinweise auf diese Ereignisse wäre die Datierung der Finsternisse unmöglich gewesen, denn die Angaben über Tageszeit und Verlauf erweisen sich nicht als ganz korrekt. Ein drittes Omen, das ganz vage auf »Ur und seinen König« bezogen ist, läßt daher eine Bestimmung der Finsternis nicht zu.

Bei ganz unbestimmten Angaben ist mit Mondfinsternissen gar nichts anzufangen. Ein Beispiel dafür bietet ferner auch die unbestimmbare Finsternis des Maximus von Turin, die Ginzel in seinem speziellen Kanon auf S. 219—221 behandelt. Ginzel gibt 22 Finsternisse als möglich an, die in die Zeit von +383 bis +465 fallen.

II. Fassung der Aufgabe und Skizzierung ihrer Behandlung.

A. *Zeit und Art der Finsternis sind bekannt und es ist nur nachzuprüfen, ob die geschichtlichen Angaben zutreffen.*

Nachweis der einfachsten Lösungswege, die ein für historische Untersuchungen genügend genaues Resultat verbürgen.

Zeit	Art der Finsternis	Hilfsmittel	Gültigkeitsbereich der Tafeln	Behandeln nach
+1800 bis +600	Sonne, zentral Mond, total	Schroeter, Spez. Kanon	Europa, Vorderasien Breite +30 bis +70 Grad	§ 13 III 5 oder § 14
	Sonne, partiell Mond, partiell	Oppolzer, Kanon in Verbind. mit den hier gegeb. Tafeln	Ganzer Erdgürtel +10 bis +60 Grad Breite	§ 13 III 3 oder § 14
+600 bis —900	Sonne, Mond zentral oder partiell	Ginzel, Spez. Kanon (vor —400 nicht mehr zuverlässig)	Mittelmeergebiet, Vorderasien	§ 13 III 4 oder § 14
—900 bis —1200	Sonne, Mond zentral oder partiell	Oppolzer, Kanon in Verbind. mit den hier gegeb. Tafeln	Ganzer Erdgürtel +10 bis +60 Grad Breite	§ 13 III 3 oder § 14
vor —1200	Sonne, Mond zentral oder partiell	Verbesserte Tafeln von Schram, hier gegeben	Ganzer Erdgürtel +10 bis +60 Grad Breite	§ 14

B. *Die Zeit der Finsternis ist nur genähert bekannt oder ganz unsicher.*

Wie bereits in den Vorbemerkungen angedeutet wurde, ist bei Sonnenfinsternissen die Aussicht auf Erfolg weit größer als bei Mondfinsternissen.

Liegt eine Finsternis nach —900, so lassen sich nach den Verzeichnissen von Schroeter oder Ginzel alle in den fraglichen Zeitraum fallenden Finsternisse daraufhin untersuchen, ob sie den Bedingungen des Textes genügen. Außerdem wird für partielle Sonnen- oder Mondfinsternisse des Mittelalters auf den Kanon von Oppolzer zurückzugreifen sein, weil Schroeter diese partiellen F. nicht behandelt.

Bei Finsternissen zwischen —900 und —1200 können noch die Karten des Kanons von Oppolzer zur Orientierung über die stattfindenden Sonnenfinsternisse benutzt werden. Da der Kanon aber direkt nichts über die näheren Umstände sagt, so müssen diese nach § 14 berechnet werden. Dabei ist so zu verfahren, daß zuerst nach den Karten des Kanons alle Finsternisse aufgesucht werden, deren Zentralkurven in der Nähe des gegebenen Ortes liegen. Diese Finsternisse werden nach § 14 II und III mit den verbesserten Schram'schen Tafeln berechnet.

Bei Mondfinsternissen zwischen —900 und —1200 können die Angaben des Oppolzerschen Kanons benutzt werden. Vgl S. 103.

C. *Aufsuchung und Behandlung der für einen bestimmten Zeitraum vor —1200 für den Orient in Betracht kommenden Finsternisse.*

Vor —1200 wird eine Berechnung von Finsternissen nur für die Orte des alten Orients auszuführen sein, d. h. für Assur, Babylon, Boghaskoi, Ur, Memphis und Theben.

Finsterniskataloge nach Art der Kanons von Oppolzer, Ginzel und Schroeter sind für diese Zeit nicht mehr vorhanden [1]). Um die mühsame Arbeit des Aussuchens der Finsternisse möglichst zu erleichtern, sind hier für die oben genannten Orte einige Spezialtafeln gegeben. Eine Anweisung, diese Spezialtafeln auf andere Orte zu erweitern, ist am Schluß des Absatzes zu finden.

1. In Tafel E 68, vorderste Spalte, wird das Jahr T_a aufgesucht, das vor dem zu untersuchenden Zeitraum liegt. Zu T_a werden der Reihe nach die Zahlen T_b aus Tafel E 69 (Sonne) oder E 70 (Mond), vorderste Spalte, zugelegt, so daß die Summen $T_a + T_b$ in den zu untersuchenden Zeitraum fallen.

   Überschreitet dabei $T_a + T_b$ den folgenden Zyklus T_a aus Tafel E 68, so wird abgebrochen und mit dem neuen T_a weiter gerechnet, wobei nun in der Periodentafel von vorn angefangen wird.

---

[1]) Herr Schoch plant die Bearbeitung eines speziellen Kanons für die Zeit —3000 bis —1200, doch ist das Erscheinen dieses Kanons vorläufig noch ungewiß.

2. Für die so erhaltene Reihe von Finsternissen werden nach § 14 II die Elemente T, P, L, μ, γ und u berechnet. T wird in Tag und Stunde ausgedrückt. Die Umrechnung des julianischen Tages in das Datum geschieht nach Schrams kalendariographischen Tafeln oder nach Tafel E 91.

3. Um überflüssige Rechnungen zu ersparen, wird sofort eine Aussiebung der an dem gegebenen Ort unsichtbaren Finsternisse vorgenommen.

Sonnenfinsternisse

Tafel E 92:

Aus der mit u bezeichneten Spalte mit dem Arg. γ (Vorzeichen hier gleichgültig) die Größe T' interpolieren.

Gebildet werden:

$T - T'$ = Stunde des Anfangs

$T + T'$ = Stunde des Endes

der Finsternis auf der Erde überhaupt in wahrer Zeit Greenwich.

Tafel E 93. Mit Arg. L die für den gegebenen Ort geltenden Zeitgrenzen (Sonne über dem Horizont) interpolieren.

Mondfinsternisse

$u + \gamma$ bilden; γ wird stets als positiv behandelt.

$u + \gamma$ = 0.53 bis 1.02: F. total

$u + \gamma$ = 1.02 bis 1.56: F. partiell

$u + \gamma$ über 1.56 keine Finsternis.

Tafel E 94. Mit Arg. $u + \gamma$ die Größe t_1, bei totalen Finsternissen auch t_2 herausschreiben.

Gebildet werden:

$T - t_1$ = Anfang der partiellen F.

$T - t_2$ = Anfang der totalen F.

$T + t_2$ = Ende der totalen F.

$T + t_1$ = Ende der partiellen F.

in wahrer Zeit Greenwich.

Tafel E 95. Mit Arg. L die für den gegebenen Ort geltenden Zeitgrenzen (Mond über dem Horizont) interpolieren.

Hier sind drei Fälle zu unterscheiden:

a. Die berechneten Zeiten liegen alle innerhalb der Grenzen. Die Mondfinsternis ist vollständig sichtbar; die Sonnenfinsternis kann sichtbar sein, aber auch unsichtbar bleiben.

b. Die berechneten Zahlen liegen nur zum Teil innerhalb der Grenzen. Die Mondfinsternis ist teilweise sichtbar; die Sonnenfinsternis kann teilweise sichtbar sein, aber auch unsichtbar bleiben.

c. Die berechneten Zeiten liegen alle außerhalb der Grenzen. Die F. ist bestimmt unsichtbar und scheidet für die weitere Untersuchung aus.

4. Die unter a und b fallenden Finsternisse werden allein weiter behandelt.

Nach § 14 III wird Zeit und Größe der größten Phase berechnet.

Diese Rechnung wird bei Fall b etwas umständlich, wenn Γ außerhalb der Grenzen der Tafel E 80 fällt. Vgl. dazu § 14 VII.

Die Auffälligkeit der F. ist nach der Bemerkung unter Tafel E 81 zu beurteilen.

Die gefundenen Zeiten werden in Ortszeiten verwandelt, indem zu ihnen addiert werden:

	h
Assur	+2.89
Babylon	+2.96
Boghaskoi	+2.30
Memphis	+2.08
Theben	+2.16
Ur	+3.08

Liegt γ zwischen
—1.66 und —0.50 oder
+1.30 und +1.66
so ist die Finsternis in Vorderasien unsichtbar.

Damit sind die Zeiten aller Phasen bekannt. Für die Beurteilung, welche Finsternis in Betracht kommt, kann außer der Zeit noch der Verlauf der F. (Positionswinkel von Eintritt und Austritt) entscheidend sein. Vgl. dazu § 14 IX.

Mit $u + \gamma$ wird aus Taf. E 86 die Größe der Finsternis gefunden.

5. Ist die Untersuchung für einen anderen Ort, als die oben angegebenen Orte des Orients auszuführen, so wird es sich empfehlen, für diesen Ort die Hilfstafeln E 93 und E 95 zu berechnen.

Aus der Tafel VIII der Sonnentafeln in Taf. Chr. II werden für L von 10 zu 10 Grad die Deklinationen D berechnet; L ist also mit $\odot$ identisch zu setzen.

Mit der Deklination D und der geographischen Breite φ des Ortes wird aus Taf. Chr. III Tafel 1 der halbe Tagbogen t berechnet.

Ist endlich λ die Länge des Ortes, gezählt von Greenwich und östlich positiv, so finden sich die Werte der Tafeln E 93 und E 95 aus:

$$\text{Tafel E 93:}\quad 12^{h} - \lambda - t \qquad 12^{h} - \lambda + t$$

$$\text{Tafel E 95:}\quad 24^{h} - \lambda - t \qquad 0 - \lambda + t$$

Beispiel: Sonnenfinsternisse —1208 bis —1205 in Babylon ($\lambda = +44^{\circ}$, $\varphi = +32^{\circ}.5$).

1. Taf. E 68 T_a	—1225.17	—1225.17
E 69 T_b	+ 17.06	+ 17.54
T	—1208.11	—1207.63

Bei Zulegen des folgenden T_b wird der nächste Zyklus erreicht. Die Rechnung wird daher mit diesem neuen T_a fortgesetzt, wobei in der Periodentafel E 69 von vorn anzufangen ist.

Taf. E 68 T_a	—1207.14	—1207.14	—1207.14	—1207.14
69 T_b	0	+ 0.49	+ 0.97	+ 1.46
T	—1207.14	—1206.65	—1206.17	—1205.68

2. Die Berechnung der Elemente ist in 14 II ausführlich erläutert; es genügt, hier nur die Resultate anzugeben.

Finsternis	T				h	m	P	L	μ	γ	u
							°	°	°		
—1208.11	1280 160.743	—1208	Nov.	20	17	49	352.3	228.8	88	—0.66	0.54
—1207.63	337.421	—1207	Mai	16	10	7	176.0	43.2	332	+0.38	0.56
—1207.14	515.293	—1207	Nov.	10	7	2	0.2	217.9	286	+0.02	0.55
—1206.65	691.768	—1206	Mai	5	18	26	184.6	32.7	96	—0.41	0.54
—1206.17	869.562	—1206	Okt.	30	13	29	7.8	206.7	22	+0.73	0.57
—1205.68	1281 046.379	—1205	April	25	9	5	193.4	22.6	316	—1.13	0.53

3. Finsternis	—1208.11	—1207.63	—1207.14	—1206.65	—1206.17	—1205.68
	h	h	h	h	h	h
Taf. E 92 T'	2.43	2.86	2.82	2.60	2.74	1.72
T	17.82	10.12	7.03	18.43	13.48	9.08
$T-T'$	15.4	7.3	5.2	15.8	10.7	7.4
$T+T'$	20.2	13.0	9.8	21.0	16.2	10.8
Taf. E 93 Grenzen	3.8—14.3 fällt aus	2.3—15.8	3.6—14.4	2.5—15.6 fällt aus	3.5—14.6	2.6—15.4
4. Rechnung nach § 14 III						
$\lambda + \mu$	—	16°	330°	—	66°	0°
Γ		0.78	0.52		0.26	0.63
γ		+0.38	+0.02		+0.73	—1.13
$g = \gamma + \Gamma$		1.16	0.54		0.99	—0.50
Größe in Zoll		8.4	2.0 zu klein nicht sichtbar		11.4 ringförmig	F. unsichtbar

Ergebnis. Von —1208 bis —1205 sind nur 2 Sonnenfinsternisse in Babylon möglich. Die erste F. —1207 Mai 16 mit 8.8 Zoll fällt in die Tagesstunden und ist daher kaum sehr auffällig. Die zweite F. 1206 Okt. 30 ist ringförmig und fällt in die Abendstunden; sie ist sehr auffällig.

Bei dieser zweiten Finsternis liegt der Fall vor, daß die Sonne während der F. untergeht (Γ und τ im letzten unteren Intervall der Tafel E 80 A). Die Nachrechnung nach § 14 VII ergibt:

Stundenwinkel T_0 für Sonnenuntergang (Taf. E 79): $T_0 = 83°$.

Dem Wert $t = 83°$ entspricht in Tafel E 80 A: $\lambda + \mu = 65°$.

Dazu gehört $\Gamma = 0.26$ $g = \gamma + \Gamma = 0.99$ und damit aus Taf. E 81 Größe 11.4 Zoll im Horizont.

III. Hilfsmittel für die Berechnung von Finsternissen.

1. Th. v. Oppolzer, Syzygientafeln für den Mond. Leipzig 1881.

Diese ausgezeichneten Tafeln sind in ihrer Originalform nicht mehr verwendbar. Sie sind nach den nicht mehr ausreichenden Hansenschen Elementen berechnet und die von Oppolzer abgeleiteten empirischen Korrektionen sind nicht zuverlässig.

C. Schoch hat in »Die Neubearbeitung der Syzygientafeln von Oppolzer« Mitteilungen des Astron. Rechen-Instituts Berlin-Dahlem, Bd. 2 Nr. 2 (Kiel 1928), verbesserte Zyklen und Perioden gegeben. Sie erfordern noch die in § 14 Absatz XI in der Tabelle mitgeteilte Korrektion ΔP.

Dem Nichtastronomen wird die Benutzung dieser Tafeln zu schwierig sein. Sie liefern nur die Elemente der Finsternis, diese aber so genau, daß die weitere logarithmische Rechnung, die etwas umständlich ist, die Finsterniskurven auf der Erde mit einer Genauigkeit von etwa 5 Kilometer ergibt. Eine so hohe Genauigkeit ist für historische Zwecke nur in den seltensten Fällen wirklich notwendig. In der Regel reicht eine genäherte Rechnung nach den unter 2 erwähnten Tafeln vollständig aus.

Die Rechnung gestaltet sich jetzt folgendermaßen:

An Stelle der ersten 24 Seiten der Syzygientafeln von Oppolzer werden die Tafeln der Zyklen und Perioden von Schoch benutzt; die Berechnung der Störungen mit den Argumenten *I—VIII* erfolgt dann nach Oppolzers Tafel S. 24—45. Nach dem von ihm angegebenen, sehr zweckmäßigen Schema werden berechnet:

$$T,\ L',\ Z,\ \varepsilon,\ P,\ \log p,\ \log \Delta L,\ \log q,\ u'_a \text{ und } \log f_a.$$

Q wird fortgelassen und mit Hilfe von Schochs Tafel B auf S. 6 aus P abgeleitet.

An P und Q wird die Korrektion ΔP aus der Tafel in § 14 Absatz IX angebracht. Ferner wird das berechnete u'_a um 0.0008 verkleinert.

Zur Berechnung von Zeit und Betrag der größten Phase, der bei historischen Untersuchungen fast allein interessierenden Größen dienen folgende Formeln:

I. *Hilfsgrößen* (die von Schoch gewählte Form ist nicht zweckmäßig)

$$B = p \sin P \qquad n \sin N_1 = \Delta L$$
$$\Delta B = q \cos Q \qquad n \cos N_1 = \Delta B$$
$$\sin \delta' = \sin L' \sin \varepsilon \qquad \gamma = B \sin N_1$$
$$\operatorname{tg} h = \cos L' \operatorname{tg} \varepsilon \qquad \mu = 360\, d - Z - \frac{15}{n} B \cos N_1$$

(h im I. Quadr., für $L = 90^\circ$ bis 270° negativ) (360 d aus Taf. Schoch S. 6)

$$N' = N_1 - h$$

$$\sin g \sin G = \sin \delta' \sin N' \qquad \sin k \sin K = \sin N'$$
$$\sin g \cos G = \cos N' \qquad \sin k \cos K = \sin \delta' \cos N'$$
$$\cos g = \cos \delta' \sin N' \qquad \cos k = \cos \delta' \cos N'$$

II. *Berechnung von Zeit und Größe der größten Phase.*

λ geogr. Länge, gezählt von Greenwich, östlich positiv
φ geogr. Breite
φ_1 aus Taf. Oppolzer S. 50.

$$\xi = \cos \varphi_1 \qquad m \sin M = \gamma - \eta \cos g + \xi \sin g \sin (G + t_0)$$
$$\eta = (1 - c) \sin \varphi_1 \qquad m \cos M = (t_0 - \lambda - \mu) \frac{n}{15} - \eta \cos k + \xi \sin k \cos (K + t_0)$$
$$\log (1 - c) = 9.9985 \qquad m' \sin M' = -\pi\xi \sin g \cos (G + t_0)$$
$$m' \cos M' = n - \pi\xi \sin k \sin (K + t_0) \qquad \log \pi = 9.4180$$
$$\text{Korr. von } t_0 = -15 \frac{m}{m'} \cos (M + M')$$

Zunächst wird ein Näherungswert für t_0 angenommen; einen sehr guten erhält man, wenn man mit den schon abgeleiteten Elementen der Finsternis nach § 14 III 1 und 2 den Wert t berechnet und als t_0 verwendet. Die gefundene Korr. wird an t_0 angebracht und mit diesem neuen t_0 die Rechnung II wiederholt, bis Korr. t_0 Null wird. Nach § 14 III 4 ergibt sich zu t_0 die Tagesstunde und weiter die größte Phase nach

$$12. \frac{u'_a - m}{2\,u'_a - 0.5460}.$$

2. R. Schram, Tafeln zur Berechnung der näheren Umstände der Sonnenfinsternisse. Wien 1886 (Denkschr. Wien. Akad. 51).

Diese Tafeln machen die Berechnung einer Finsternis zu einer spielend leicht zu lösenden Aufgabe; alle Resultate werden ohne logarithmische Rechnung aus Tafeln erhalten und die Genauigkeit ist für historische Zwecke durchaus ausreichend.

Auch diese Tafeln sind in ihrer Originalform nicht mehr zu gebrauchen; die Zyklen enthalten die Ginzelschen empirischen Korrektionen, von denen heute feststeht, daß sie für weit zurückliegende Zeiten nicht richtig sind. Der Fehler beginnt sich vor —500 merkbar zu machen, wo ungünstig liegende Finsternisse merklich unsicher werden können.

Die Schramschen Tafeln werden hier in neuer und bequemer Form gegeben, worüber im Anfang von § 14 Näheres gesagt ist; sie sind nach den Untersuchungen von C. Schoch verbessert.

3. Th. v. Oppolzer, Kanon der Finsternisse. Wien 1887.

Der für Nichtastronomen am leichtesten verständliche Teil des Buches sind die Karten, auf denen die Zentralkurven der Finsternisse seit —1207 eingezeichnet sind. Nach diesen Karten läßt sich leicht feststellen, welche Finsternisse an einem bestimmten Ort sichtbar gewesen sein können. Auch wenn der Ort nur in der Nähe der Kurve liegt, ist Sichtbarkeit möglich, weil innerhalb einer Zone von etwa 1 cm zu beiden Seiten der Zentralkurve die Verfinsterung sehr bedeutend ist.

Abgesehen von diesen Karten, die für eine erste Orientierung ganz ausgezeichnet sind, hat der Kanon für genaue Berechnungen heute an Wert schon viel verloren, weil seine Grundlagen veraltet sind. Die Elemente des Kanon sind für Mittelalter und Ausgang des Altertums noch zuverlässig; je weiter man aber im Altertum rückwärts geht, um so stärker wird der Fehler.

Um —700 beträgt der Fehler in Zeit etwa 20 Minuten, was bei Mondfinsternissen nicht viel zu sagen hat, bei Sonnenfinsternissen aber die Kurven stark verschieben kann.

Was außer den Karten am Kanon besonders wertvoll ist, ist der Umstand, daß er alle Finsternisse einschließlich der nur partiellen aufführt. Für Nachrechnung partieller Finsternisse des Mittelalters wird man sich also die Hilfe des Kanons nutzbar machen.

Im Kanon gilt Weltzeit, wie in allen Finsternistafeln.

A. *Berechnung einer Sonnenfinsternis mit Hilfe der Elemente des Kanon.*

In Anbetracht der Unsicherheit der Grundlagen wird man die Elemente des Kanon nur zur Berechnung von Finsternissen des Mittelalters und des späten Altertums benutzen dürfen.

Aus der Tafel der Sonnenfinsternisse werden entnommen:

Jahr und Tag	:	links, Spalte 2	
L	:	„ „ 5	(mit L' bezeichnet)
P	:	„ „ 8	
μ	:	rechts, Spalte 2	
γ	:	„ „ 3	
u	:	links, Spalte 13	(mit u'_a bezeichnet),

außerdem aus der letzten Spalte rechts die Art der Finsternis. L und P werden auf $0{,}^\circ 1$, μ auf volle Grade, γ und u auf zwei Dezimalen abgerundet. Mit diesen Elementen werden nun nach § 14 III ff. die näheren Umstände der F. nach den hier gegebenen Hilfstafeln berechnet.

Die letzteren Tafeln gelten nur zwischen den Breiten $+10$ und $+60$ Grad. In den Fällen, in denen eine Finsternis außerhalb dieser Grenzen liegt, etwa im nördlichen Europa, wird auf die Originaltafeln von Schram zurückzugreifen sein, und zwar nur für die Berechnung von t und Γ.

B. *Berechnung von Mondfinsternissen mit Hilfe der Angaben des Kanon.*

Die Angaben des Kanon können für das Mittelalter ohne weiteres als richtig benutzt werden; im Altertum entsteht ein Fehler in der Zeit, der aber für historische Untersuchungen meist nicht ins Gewicht fällt.

Aus Kanon, Teil II Mondfinsternisse, werden entnommen:

Jahr und Tag	Halbe Dauer der part. F. (t_1)
Stunde in Weltzeit (T)	Halbe Dauer der tot. F. (t_2)
Größe in Zoll	λ, φ für Mond im Zenit. (λ_z, φ_z).

Die hier in § 14 IX gebrauchten Bezeichnungen sind in Klammern beigefügt. t_1 und t_2 werden durch Division durch 4 in Grad verwandelt, auf volle Grade abgerundet und mit λ_1 und λ_2 bezeichnet. Dann ist

	Weltzeit	Mond im Zenit Länge	Breite
Anfang der partiellen F.	$T - t_1$	$l = \lambda_z + \lambda_1$	φ_z
Anfang der totalen F.	$T - t_2$	$l = \lambda_z + \lambda_2$	φ_z
Ende der totalen F.	$T + t_2$	$l = \lambda_z - \lambda_2$	φ_z
Ende der partiellen F.	$T + t_1$	$l = \lambda_z - \lambda_1$	φ_z

Die bürgerliche Zeit eines anderen Ortes als Greenwich wird erhalten, indem die geogr. Länge λ des Ortes, östlich positiv gezählt, in Zeit verwandelt und zugelegt wird. Die Sichtbarkeit an dem gegebenen Ort ist dann nach § 14 IX 3 zu entscheiden.

Beispiel: Mondfinsternis —720 März 19 für Babylon zu berechnen.

Kanon S. 332: —720 März 19	$t_1 = 110^m$	daraus $\lambda_1 = 27^\circ$
$T = 19^h\,4^m$ Weltzeit	$t_2 = 48$	„ $\lambda_2 = 12$
Größe 18.7	$\lambda_z = +75^\circ$	
	$\varphi_z = +4$	

	Weltzeit	bürg. Z. Babylon	Mond im Zenit Länge	Breite
	h m	h m	°	
Anfang der part. F.	$T - t_1 = 17\ 14$	$= 20\ 12$	$l = \lambda_z + \lambda_1 = 102$	$\varphi_z = +4^\circ$.
Anfang der tot. F.	$T - t_2 = 18\ 16$	$= 21\ 14$	$l = \lambda_z + \lambda_2 = 87$	
Ende der tot. F.	$T + t_2 = 19\ 52$	$= 22\ 50$	$l = \lambda_z - \lambda_2 = 63$	
Ende der part. F.	$T + t_1 = 20\ 54$	$= 23\ 52$	$l = \lambda_z - \lambda_1 = 48$	

Die Zeiten fallen so offenkundig in die Nachtstunden, daß eine Nachprüfung der Sichtbarkeit für Babylon nicht mehr notwendig ist.

Das gleiche Beispiel ist in § 14 IX nach den hier gegebenen Tafeln gerechnet; die Zeiten sind dort wahre Zeiten und müssen noch um Zeitgleichung verbessert werden, wenn sie mit den mittleren Zeiten des Kanon verglichen werden sollen. Es sind also 10 Minuten zu ihnen zuzulegen. Dann folgt, daß nach dem Kanon die Zeiten um 21 Minuten zu groß, die Längen l um 7 Grad zu klein werden. Man erkennt, daß bei Benutzung des Kanon für weit zurückliegende Zeiten Vorsicht geboten ist, auch bei Mondfinsternissen.

4. F. K. Ginzel, Spezieller Kanon der Sonnen- und Mondfinsternisse für das Ländergebiet der klassischen Altertumswissenschaften und den Zeitraum von 900 v. Chr. bis 600 n. Chr. Berlin 1899.

Auch dieses Werk genügt modernen Ansprüchen nicht mehr vollständig, weil die von Ginzel abgeleiteten empirischen Korrektionen fehlerhaft sind. Der spezielle Kanon ist richtig für Mittelalter und Altertum bis etwa 400 v. Chr. Vor dieser Zeit macht sich der Fehler der Ginzelschen Korrektionen in rasch steigendem Maße bemerkbar; hier werden die Angaben des Oppolzerschen Kanons der Wahrheit näher kommen.

Für historische Untersuchungen reicht in der Mehrzahl der Fälle die Genauigkeit des Kanons trotz seiner Abweichungen für alte Zeiten aus. Für rasche genäherte Orientierung über Finsternisse ist er dank seiner vorzüglichen Karten ganz unentbehrlich. Auf diesen Karten sind die Zonen, innerhalb deren eine Finsternis total oder ringförmig ist, in voller Breite angegeben. Ein weiterer besonderer Vorzug des speziellen Kanons liegt darin, daß er alle in das Kartengebiet fallenden partiellen Finsternisse von Sonne und Mond aufführt.

A. *Sonnenfinsternisse: Orientierung nach den Karten des Speziellen Kanon.*

Die Karten enthalten die Zonen, in denen die F. total oder ringförmig ist. Eine F. ist auch in der Nähe der zentralen Zone noch sehr bedeutend; so kann z. B. eine F., die durch Deutschland geht und daher auf der Karte nicht mehr angegeben ist, in Rom noch ziemlich bedeutend sein.

Aus diesem Grunde darf man sich beim Aufsuchen einer F. auf die Karten allein nicht verlassen, sondern muß auch die Liste in Abschnitt II S. 39 ff. durchgehen. In dieser Liste sind die Sichtbarkeitsverhältnisse für Rom, Athen, Memphis und Babylon angegeben, aus denen man die Verhältnisse für andere Orte genähert abschätzen kann.

B. *Bestimmung der näheren Umstände einer Sonnenfinsternis an einem gegebenen Ort mittels des Speziellen Kanons.*

Bei historischen Untersuchungen genügt es meist, zu wissen, wie groß die F. an dem betr. Orte war.

In Abschnitt II S. 39 ff. des Kanon sind für Rom, Athen, Memphis und Babylon Zeit und Größe der größten Phase gegeben; rechts daneben steht eine Tafel, aus der sich die Größe der F. für andere Orte ableiten läßt; die ungefähre Zeit der größten Phase läßt sich aus der Lage des Ortes gegen die vier vorstehend genannten abschätzen.

Beispiel: Finsternis 73 v. Chr. Mai 8.

Nach Karte IX beginnt die zentrale Verfinsterung östlich von Rom; in Rom ist um diese Zeit die Sonne noch nicht aufgegangen. Das ist in der Tabelle S. 72 dadurch ausgedrückt, daß der Wert für Rom (12.0) eingeklammert, also nicht zu gebrauchen ist.

Wie ferner in der Einleitung S. 7 des Kanon angegeben ist, sind die Zahlen der Tabelle nur beiläufig richtig, weil sie nach den genäherten Tafeln von Schram berechnet sind. Die Unrichtigkeit der Angabe speziell für Rom ist aus der Karte zu ersehen; die Zone der völligen Verfinsterung geht verlängert südlich an Rom vorbei und die größte Phase muß für Rom kleiner sein als 12.0.

Für Athen ist angegeben: Stundenwinkel 261°, Größe 11.5 Zoll. Stundenwinkel vor 360° bedeuten Vormittag, nach 0° Nachmittag. Aus der Karte ist zu erkennen, daß die größte Verfinsterung von 11.5 Zoll kurz nach Sonnenaufgang stattfindet. Die Sonne geht in Athen bereits verfinstert auf und erreicht gleich nach Aufgang ihre größte Phase.

Der Stundenwinkel 261° der Sonne entspricht nämlich der Zeit $\frac{360-261}{15}$ = 6.6 Stunden vor Mittag. Die Sonne geht in Athen ($\varphi = 38\overset{\circ}{.}0$) um 5 Uhr früh, 7 Stunden vor Mittag auf, also größte Phase um 5.4 Uhr = 24 Minuten nach Sonnenaufgang.

Für Nicaea (Länge 30° Ost, Breite 40°) folgt aus der kleinen Tafel auf S. 72 des Kanon: Größte Phase 11.5 Zoll. Das stimmt auch mit der Karte, denn Nicaea liegt ungefähr ebensoweit südlich der Finsterniszone wie Athen.

Für Orte östlich des Anfangs der zentralen Kurve ist nur das Ende der F. als partielle F. sichtbar. In Panormus ($\lambda = +13\overset{\circ}{.}4$, $\varphi = +38\overset{\circ}{.}1$) ist die F. noch sichtbar, aber hier versagt die kleine Tafel auf S. 72 des Kanon. In solchen Fällen kann man sich nach Absatz C helfen.

C. *Berechnung der näheren Umstände einer Sonnenfinsternis mit Hilfe der Elemente des speziellen Kanons und der hier gegebenen Tafeln.*

Aus Abschnitt I des speziellen Kanons werden entnommen:

Jahr und Tag T	:	links, Spalte	3
L	:	„ „	6 (L'), auf $0\overset{\circ}{.}1$
P	:	„ „	9 auf $0\overset{\circ}{.}1$
μ	:	rechts, „	2 auf volle Grade
γ	:	„ „	3 auf 2 Dezimalen
u	:	links, „	14 (u'_a) auf 2 Dezimalen.

Die Rechnung erfolgt mit den hier gegebenen Tafeln nach § 14 VII, weil das der Fall ist, in dem die Angaben des speziellen Kanons versagen.

Hierbei ist aber eines zu beachten. Gerade in dem Falle des Beispiels von Absatz B (Punkte in der Nähe von Anfang und Ende der Zentralkurve) treten die Fehler der Ginzelschen empirischen Korrektionen besonders deutlich in Erscheinung, indem durch den Fehler in T Anfang und Ende der Zentralität merklich verschoben werden. Vor —400 wird es daher gut sein, auf die Hilfe des speziellen Kanons zu verzichten und die Finsternis nach den hier gegebenen Tafeln vollkommen neu zu berechnen.

Beispiel: Finsternis 73 v. Chr. Mai 8. Größte Phase für Panormus ($\lambda = +13^\circ\!.4$, $\varphi = +38^\circ\!.1$) bei Sonnenaufgang.

Elemente des spez. Kanon: $L = 44^\circ\!.1$ $\quad\gamma = +0.80$
$P = 170.5$ $\quad u = 0.53$
$\mu = 256$

Nach den Vorschriften von § 14 VII ergibt sich:

$\lambda + \mu = 269^\circ$; für diesen Wert des Arg. fallen in Tafel E 80 B τ und Γ außerhalb des Bereichs der Tafeln.

Stundenwinkel des Sonnenaufgangs $T_0 = 256^\circ$; dies ist der Wert t_1, mit dem weiter zu rechnen ist.

Für $L = 44^\circ\!.1$ und $\varphi = 38^\circ$ ergibt sich

$$\lambda + \mu = 270^\circ \; : \; t = 253^\circ$$
$$\lambda + \mu = 280 \; : \; t = 262.$$

Dem Wert $t_1 = 256^\circ$ entspricht also $(\lambda + \mu)_1 = 273^\circ$.

Für $L = 44^\circ\!.1$ folgt mit $(\lambda + \mu)_1 = 273^\circ$ und $\varphi = +38^\circ\!.1$:

$\Gamma_1 = 0.23$
$\gamma + \Gamma_1 = 1.03$
$(\lambda + \mu)_1 - (\lambda + \mu) = 4^\circ$, $g = 1.16$, Größe 8.8 Zoll.

D. *Behandlung von Mondfinsternissen nach dem Speziellen Kanon.*

Besondere Erläuterungen sind hier nicht notwendig. Nach den Angaben des speziellen Kanons für Rom, Athen, Memphis und Babylon lassen sich die Sichtbarkeitsverhältnisse für andere Orte leicht abschätzen.

Die Genauigkeit des speziellen Kanons für Mondfinsternisse reicht für historische Untersuchungen aus; vor —400 ist größere Unsicherheit zu erwarten, so daß in zweifelhaften Fällen eine Neuberechnung nach § 14 IX mit den hier gegebenen Tafeln anzuraten ist.

5. **J. F. Schroeter, Spezieller Kanon der zentralen Sonnen- und Mondfinsternisse, welche innerhalb des Zeitraumes von 600 bis 1800 n. Chr. in Europa sichtbar waren.** Kristiania, J. Dybwad, 1923.

Fortsetzung des Ginzelschen Kanons für das Gebiet —30° bis +75° Länge und 30° bis 70° nördlicher Breite (Europa, Vorderasien, Nordafrika). Wie der Titel sagt, bleiben alle partiellen Finsternisse unberücksichtigt; das ist eine empfindliche Lücke, weil partielle Finsternisse gerade in höheren Breiten sehr merklich werden können.

A. *Orientierung über zentrale Sonnenfinsternisse nach den Karten des Schroeterschen Speziellen Kanons.*

Die Karten sind, obwohl nur klein, sehr gut und übersichtlich, weil immer nur je eine F. eingezeichnet ist. Dargestellt sind Zone der zentralen Verfinsterung und Grenzkurven für die Größe 9 Zoll. Auf diese Weise ist es sehr leicht möglich, die Auffälligkeit der Finsternis für einen bestimmten Ort zu beurteilen.

Die Zahlenwerte, nach denen die Kurven gezeichnet sind, sind in Abschnitt III mitgeteilt.

B. *Berechnung der näheren Umstände einer zentralen Sonnenfinsternis nach Schroeters Speziellem Kanon.*

Abschnitt II enthält Tafeln zur Berechnung der Größe in Zoll. Kursive Ziffern bedeuten, daß der nördliche Teil der Sonne verfinstert wird, gewöhnliche, daß der südliche Teil verfinstert ist.

Bei Finsternissen, die im Kartengebiet anfangen oder enden, sind in jeder Tafel noch Zahlen λ_a oder λ_u angegeben (die Bezeichnungen stehen an einigen Stellen eine Zeile zu hoch). Die Bedeutung dieser Werte wird am besten an einem Beispiel erläutert.

Finsternis 1290 Sept. 15 für München ($\lambda = 11{,}^\circ 6$, $\varphi = +48{,}^\circ 1$).

Größte Phase für München 10.8 Zoll. Die Finsternis ist ringförmig und erreicht überhaupt nur die Maximalgröße 11.6 (siehe 4. Spalte).

In der Spalte Breite 30 Grad steht unten $\lambda_a = -8$ und darunter die Zahl 4.9. Das bedeutet: an dem Ort Länge -8° und Breite $+30^\circ$ geht die Sonne verfinstert auf mit der Phase 4.9 Zoll. Ist λ_u angegeben, so heißt das, daß die Sonne an dem Ort verfinstert untergeht.

C. *Behandlung totaler Mondfinsternis nach Schroeters Speziellem Kanon.*

Die Mondfinsternisse sind in Abschnitt IV gegeben. Auf der linken Seite des Buches stehen Jahr und Tag und die Zeiten der Hauptphasen der Finsternis. Die Zeit ist in bürgerlicher Zeit Greenwich gegeben; um sie in die Ortszeit eines beliebigen Ortes zu verwandeln, ist die Länge von Greenwich, in Zeit ausgedrückt, östlich positiv zuzulegen.

Rechts stehen die Angaben über die Sichtbarkeitsverhältnisse der einzelnen Phasen. Die Zahlen, die unter Aufgang stehen, geben zu der vorn angegebenen Breite die Länge an, in der diese Phase gerade bei Aufgang stattfindet; das Analoge gilt für die Zahlen unter Untergang.

Die Regel lautet nun einfach:

Spalte Aufgang: Ist der mit der Breite φ des Ortes interpolierte Tafelwert algebraisch $\begin{matrix}\text{kleiner}\\\text{größer}\end{matrix}$ als die Länge λ des Ortes (östl. positiv gezählt), so ist die betr. Phase $\begin{matrix}\text{sichtbar}\\\text{unsichtbar}\end{matrix}$.

Spalte Untergang: Ist der mit der Breite φ des Ortes interpolierte Tafelwert algebraisch $\begin{matrix}\text{kleiner}\\\text{größer}\end{matrix}$ als die Länge λ des Ortes (östl. positiv gezählt), so ist die betr. Phase $\begin{matrix}\text{unsichtbar}\\\text{sichtbar}\end{matrix}$.

Algebraisch kleiner heißt bei negativen Zahlen numerisch größer!

Beispiel: Finsternis 658 Aug. 18 für München ($\lambda = +11\overset{\circ}{.}6$, $\varphi = +48\overset{\circ}{.}1$)

Für die Breite $\varphi = 48^{\circ}$ liefert die Tafel »Aufgang«:

		°	
P_a	Anfang überhaupt	+33	größer als λ, unsichtbar
T_a	Anfang der tot. F.	+17	
M	Mitte der F.	+ 5	kleiner als λ, sichtbar.
T_e	Ende der tot. F.	— 8	
P_e	Ende überhaupt	—22	

Der Mond geht also vor der Mitte der F. total verfinstert auf.

Die öfter vorkommenden Zeichen ☾̲ ☾̄ haben folgende Bedeutung:

☾̲ Mond dauernd über dem Horizont
☾̄ Mond dauernd unter dem Horizont.

Die Zeichen erscheinen nur in hohen nördlichen Breiten, in denen der Mond bei großer nördlicher Deklination dauernd sichtbar oder bei großer südlicher Deklination dauernd unsichtbar sein kann.

§ 14. Berechnung einer Finsternis nach den hier gegebenen verbesserten Tafeln von Schram.

Vorbemerkungen.

Die hier gegebenen Tafeln sind nichts Originelles, sondern zum größten Teil ein Abdruck der ausgezeichneten Tafeln von Schram aus Denkschr. Wiener Akad. Bd. 51. Die Schramschen Tafeln haben wie alle astronomischen Tafelwerke den Nachteil, daß sie nur für den Fachmann berechnet sind. Das viele Beiwerk, wie die Erläuterung der Anlage des Werkes, ist für den Fachmann unbedingt notwendig; den Nichtastronomen, der nur eine einfache Anleitung zum Gebrauch sucht, verwirrt es aber viel zu sehr.

Die hier gegebenen Tafeln weisen gegen die Originaltafeln von Schram folgende Unterschiede auf:

1. Die Grundlagen der Tafeln sind nach den von C. Schoch angegebenen Elementen verbessert, indem die von Schoch in Sirius Bd. 59 gegebene verbesserte Tafel der Zyklen und Perioden mit Wiedereinführung des julianischen Tages an Stelle der Schochschen Zählung übernommen wurde.
2. Die Tafeln sind durch Fortlassung alles irgendwie Entbehrlichen und durch Mitteilung elementarer Gebrauchsanweisungen für Jedermann verständlich gemacht. Einzelne Tafeln sind dabei ganz umgearbeitet und dadurch im Gebrauch vereinfacht worden.
3. Durch die Beschränkung auf die geographischen Breiten zwischen $+10^\circ$ und $+60^\circ$, die wohl allein in Frage kommen, sind die Tafeln auf den denkbar kleinsten Raum gebracht worden.

Durch die Beschränkung auf Breiten unter +60 Grad kann es aber vorkommen, daß in besonderen Fällen, z. B. bei mittelalterlichen Finsternissen im nördlichen Europa, die Tafeln nicht ausreichen. In diesen Fällen wird man sowieso meist den speziellen Kanon von Schroeter benutzen. Ist aber dennoch eine Rechnung erforderlich, so wird man nur die Elemente der Finsternis nach den neuen Tafeln berechnen und für das weitere zu den Originaltafeln von Schram greifen. Wer sich an das Arbeiten mit den neuen Tafeln gewöhnt hat, wird sich ohne Mühe auch in die Tafeln von Schram hineinfinden.

Endlich ist überall die Zeitgleichung fortgelassen, d. h. die Resultate ergeben sich in wahrer Sonnenzeit. Das ist bei Finsternissen ja eigentlich das Natürlichste. Die Zeit wird in bürgerlicher Weise von Mitternacht an gezählt, und zwar aus praktischen Gründen. Die wichtigen Sonnenfinsternisse gehen über Mittag hinweg, erfordern also bei Tagesanfang im Mittag eine doppelte Tageszählung. Das ist jetzt vermieden, aber dafür tritt nun bei den Mondfinsternissen, die freilich weniger wichtig sind, eine doppelte Zählung ein.

I. Übersicht über die erforderlichen Rechnungen.

1. *Elemente der Finsternis.* Diese in Absatz II behandelte Rechnung muß stets ausgeführt werden, weil sie die Grundlage für die weiteren Rechnungen schafft.

Bei Mondfinsternissen ist mit der Berechnung der Elemente die Hauptarbeit bereits fertig; die näheren Umstände lassen sich aus einigen kleinen Tafeln leicht ableiten. Die ganze Rechnung ist in Absatz IX ausführlich dargelegt.

Bei Sonnenfinsternissen müssen die näheren Umstände im einzelnen berechnet werden.

2. *Größte Phase einer Sonnenfinsternis* für einen gegebenen Ort. Diese für den Historiker wichtigste Frage wird in Absatz III behandelt.

Finsternisse werden bei hohem Sonnenstand auffällig, wenn die Phase mindestens 9 Zoll erreicht; Finsternisse von 10 bis 11 Zoll verraten sich schon durch die Abnahme des Lichtes. Bei tiefem Sonnenstand können auch schon kleinere Phasen von 4 bis 5 Zoll merklich werden.

Die hierbei erforderliche Berechnung der Größe t aus Tafel E 80 ist gegen Schrams Tafel etwas vereinfacht, indem statt t die Differenz τ gegen das Argument $\lambda + \mu$ gegeben ist. t ergibt sich dann einfach dadurch, daß τ zu $\lambda + \mu$ zugelegt wird.

Liefern die Tafeln keine Werte für τ und Γ, so heißt das, daß die Sonne unter dem Horizont steht. Dann ist nach Absatz VII weiter zu verfahren. Das gleiche ist zu tun, wenn τ und Γ in das äußerste Intervall der Tafel E 80 fallen.

3. *Anfang und Ende* einer Sonnenfinsternis für einen gegebenen Ort. Diese unter IV behandelte Aufgabe wird den Historiker meist nicht interessieren.

Fällt bei dieser Rechnung der Wert von Γ außerhalb der Tafel E 80, so heißt das, daß für den betr. Ort die größte Phase unsichtbar bleibt, weil die Sonne vor Beginn der Zentralität schon untergeht oder nach ihrem Ende erst aufgeht. Der Fall ist in VIII ausführlich behandelt. Die Rechnung ist ein wenig umständlicher als nach den Tafeln von Schram.

4. *Lage der Zentralkurve* auf der Erde. Diese in Absatz V behandelte Berechnung liefert ein klares Bild über den ganzen Verlauf der Finsternis. Das ist dann von Wert, wenn über den Ort, auf den sich die Angabe bezieht, Unklarheit besteht. Die Berechnung der Zentralkurve ist ferner anzuraten, wenn die Finsternis auf die Morgen- oder Abendstunden fällt; aus der Lage der Zentralkurve läßt sich dann leichter beurteilen, an welchen Orten die Finsternis auffällig sein kann.

5. *Größe der Finsternis für einen beliebigen Stundenwinkel der Sonne.* Diese Berechnung, die in Absatz VI behandelt ist, wird nur in den Fällen notwendig, wenn die Sonne vor Eintritt der Zentralität untergeht oder erst nach ihrem Ende aufgeht. Der leichteren Verständlichkeit wegen sind diese beiden Fälle in VII und VIII noch besonders behandelt.

II. Berechnung der Elemente einer Sonnenfinsternis.

1. Datum nach Taf. E 67 als Bruchteil des Jahres ausdrücken.

---

2. Tafel E 68: Nächstkleineres Jahr T_a des Zyklus aufsuchen; bei negativen Jahren ist T_a ziffernmäßig größer.

   Differenz T_b = gegebenes Jahr minus T_a bilden. T_b ist stets positiv.

---

3. Tafel E 68: Mit Arg. T_a die Werte I_e bis L_e herausschreiben.

   Tafel E 69 (für Sonne): Mit Arg. T_b die Werte I_p bis L_p herausschreiben. Das Zeichen? bei T_b deutet an, daß die Finsternis vielleicht nur partiell ist.

   Tafel E 69: Mit Arg. T_b aus der rechten Seite der Tafel die Korrektion von T_p für das nächstgelegene Jahrtausend herausschreiben.

   Summen bilden: $I = I_e + I_p$, $II = II_e + II_p$. Tausender, die sich bei den Summen ergeben, werden fortgelassen.

---

4. Tafel E 71: vertik. Arg. I, horiz. Arg. II } T_1 interpolieren.

   T_1 gilt in Einheiten der letzten Dezimale von T.

---

5. Tafel E 72: vertik. Arg. II, horiz. Arg. *Jahr* } T_2 interpolieren.

   T_2 gilt in Einheiten der letzten Dezimale von T.

---

6. Tafel E 73: Mit Arg. I die Winkel P_1 und L_1 interpolieren.

---

7. Tafel E 74: vertik. Arg. II, horiz. Arg. *Jahr* } P_2 und L_2 interpolieren.

---

8. Summen bilden:

$$T = T_e + T_p + T_1 + T_2 + \text{Korr. von } T_p$$
$$P = P_e + P_p + P_1 + P_2$$
$$L = L_e + L_p + L_1 + L_2$$

   T ergibt sich in julianischen Tagen. Sie werden mit Hilfe von Schrams Kalendariographischen Tafeln oder mit den hier gegebenen Hilfstafeln E 91 *I* und *II* in das Datum umgerechnet.

---

9. Tafel E 75: Mit den Dezimalen von T als Argument die Stunde und den Winkel μ herausschreiben.

   Tafel E 76: vertik. Arg. P, horiz. Arg. I } γ interpolieren. Vorzeichen von γ beachten!

   Tafel E 77: vertik. Arg. I, horiz. Arg. II } u interpolieren.

---

10. Die »Elemente« der Finsternis sind T, P, L, μ, γ, u. T ist die Zeit der Mitte der Finsternis, gezählt in wahrer Zeit Greenwich, Tagesanfang Mitternacht.

Ausführliche Berechnung einer Sonnenfinsternis.
Finsternis des Agathokles —309 Aug. 15.

II. Elemente der Finsternis.

Rechen-vorschrift	Tafel	Argumente	Rechnung				
II 1	E 67		—309 Aug. 15 = —309.38				
II 2	E 68		T_a = —324.58 T_b = —309.38 —(—324.58) = 15.20				
			I	*II*	*T*	*P*	*L*
II 3	E 68 E 69 E 69	T_a = —324.58 T_b = 15.20 „ „	595 482	510 199	1602 870.300 5 551.749 002	357.2° 6.1	64.0° 72.1
	Summe		77	709			
II 4	E 71	*I* = 77 *II* = 709			257		
II 5	E 72	*II* = 709 *Jahr* —309			023		
II 6	E 73	*I* = 77				0.4	0.2
II 7	E 74	*II* = 709 *Jahr* —309				0.2	0.4
II 8	Summe				1608 422.331 = —309 Aug. 15	3.9	136.7
II 9	E 75	Dez. von *T* = 331			$7^h\ 56^m$	μ = 299°	
II 9	E 76	*P* = 3.9 *I* = 77				γ = +0.33	
II 9	E 77	*I* = 77 *II* = 709				*u* = 0.54	
Elemente der Finsternis			*T* = —309 Aug. 15 $7^h 56^m$ (Zeit der Mitte der F. in wahrer bürgerl. Zeit Greenwich) *P* = 3.9° γ = +0.33 *L* = 136.7 *u* = 0.54 μ = 299°				

III. Berechnung der größten Phase einer Sonnenfinsternis für einen gegebenen Ort.

Grundlagen der Rechnung: Elemente der Finsternis nach Absatz II.

Vorbemerkung.

Bei dieser und allen folgenden Rechnungen wird stets die Tafel E 80 benutzt. Sie zerfällt in zwei Serien, worauf beim Rechnen zu achten ist:

Serie A für Element P bei 0° (zwischen 340° und 20°).

Serie B für Element P bei 180° (zwischen 160° und 200°).

Jede Serie besteht aus 38 Tafeln für die runden Werte 0°, 10°, 20° usw. des Elementes L. Weil nun in der Rechnung L nur selten ein solcher runder Wert sein wird, so ist es nötig, die Rechnung für die beiden runden Werte L, die das berechnete Element L einschließen, auszuführen und am Schluß die Resultate nach L zu interpolieren. In der Praxis kann man sich aber in vielen Fällen die Sache einfacher machen: für alle Werte L, die sich von einem runden Zehner weniger als 2 Grad unterscheiden, braucht man nur für diesen runden Zehner zu rechnen. Z. B. bei $L = 18\overset{\circ}{.}4$ für $L = 20°$.

1. Geographische Länge λ und Breite φ des Ortes aus Atlas oder der Tafel E 101 entnehmen. λ ist von Greenwich zu zählen und östlich positiv zu nehmen. $\lambda +$ Element μ bilden.

---

2. Tafel E 80: Nach der Art des Elementes P ist Serie A oder B zu wählen. Benutzt werden die beiden Tafeln, deren Überschriften L das Element L einschließen.

   $\left.\begin{array}{l}\text{vertik. Arg. } \lambda + \mu \\ \text{horiz. Arg. } \varphi\end{array}\right\}$ τ (links vom Arg.) und Γ (rechts vom Arg.) interpolieren

   $$t = \lambda + \mu + \tau \qquad g = \gamma + \Gamma.$$

   Liefert die Tafel E 80 keine Werte für τ und Γ oder fallen die Werte in ein Grenzintervall der Tafel mit Zahlen, die mit * bezeichnet sind, so wird die Rechnung abgebrochen und nach Absatz VII weiter verfahren.

   Liegt $\lambda+\mu$ mehr als 45° außerhalb des Bereiches der Tafelwerte, so ist die Finsternis sicher unsichtbar und jede weitere Rechnung überflüssig.

---

3. Tafel E 81: Mit dem Arg. g wird aus der mit dem Element u bezeichneten Spalte der Tafel die Größe in Zoll herausgeschrieben.

---

4. Tafel E 75: t wird in der mit μ bezeichneten Spalte der Tafel aufgesucht; die danebenstehende Stunde ist die wahre Ortszeit der größten Phase (Tagesbeginn Mitternacht).

III. Berechnung der größten Phase für einen gegebenen Ort.

Finsternis des Agathokles; größte Phase für Messana.

Elemente: T = —309 Aug. 15 $7^h\,56^m$ Weltzeit P 3°.9 γ + 0.33
L 136.7 u 0.54
μ 299

Rechenvorschrift	Tafel	Argument	Rechnung		
III 1			$\lambda = +15^\circ.5$, $\varphi = 38^\circ.2$, $\lambda + \mu = 314^\circ.5$		
III 2			$P = 3^\circ.9$, bei 0°; Tafel 80, Serie A zu benutzen $L = 136^\circ.7$. Von der Serie A sind also die mit $L = 130^\circ$ und $L = 140^\circ$ bezeichneten Tafeln zu benutzen		
			$L = 130^\circ$	$L = 140^\circ$	Interpoliert: $L = 136^\circ.7$
	E 80	$\lambda + \mu = 314^\circ.5$ $\varphi = 38.2$	$\tau = -22^\circ$ $t = 293$ $\Gamma = 0.64$	$\tau = -22^\circ$ $t = 293$ $\Gamma = 0.65$	$t = 293^\circ$ $\Gamma = 0.65$ $\gamma = +0.33$ $g = 0.98$
III 3	E 81	$g = 0.98$ $u = 0.54$	—	—	Größe 11.8 Zoll nördlich
III 4	E 75	$t = 293$	t in Spalte »μ« aufsuchen: Zeit der größten Phase $7^h\,32^m$ früh wahre Zeit Messana		

γ zwischen	Finst.	Sichtbar
—1.66 und —1.00	partiell	nur auf Südhalbkugel
—1.00 und 0.00	zentral	vorwiegend auf Südhalbkugel
0.00 und +1.00	zentral	vorwiegend auf Nordhalbkugel
+1.00 und +1.66	partiell	nur auf Nordhalbkugel

In Babylonien nur sichtbar, wenn γ zwischen —0.50 und +1.30.

IV. Berechnung der Zeiten von Anfang und Ende einer Sonnenfinsternis für einen gegebenen Ort.

Grundlagen der Rechnung: Elemente der Finsternis nach Absatz II.
Vorbemerkung bei Absatz III beachten!

1. Geogr. Länge λ und Breite φ des Ortes aus Atlas oder Tafel E 101 entnehmen. λ ist von Greenwich aus zu zählen und östlich positiv zu nehmen. $\lambda + \mu$ bilden.

---

2. Tafel E 80: Nach Art des Elementes P Serie A oder B zu wählen. Benutzt werden die beiden Tafeln, deren Überschriften L das Element L einschließen:
vertik. Arg. $\lambda + \mu$ }
horiz. Arg. φ } Γ (rechts vom Arg.) interpolieren.
Zu bilden: $g = \gamma + \Gamma$.
Liefert die Tafel keinen Wert für Γ oder fällt er in ein Grenzintervall mit einer mit * bezeichneten Zahl, so wird die Rechnung hier abgebrochen und nach Absatz VIII fortgesetzt.

---

3. Tafel E 80: Für die beiden runden Werte des Arg. $\lambda + \mu$, die das berechnete $\lambda + \mu$ einschließen, mit Arg. φ die Werte Γ interpolieren und ihre Differenz $\Gamma - \Gamma'$ bilden. $\Gamma - \Gamma'$ ist positiv, wenn die Werte der Tafel von oben nach unten zunehmen.

---

4. Tafel E 83: vertik. Arg. g }
horiz. Arg. $\Gamma - \Gamma'$ } $\Delta(\lambda + \mu)$ interpolieren. Zu bilden:
$(\lambda + \mu)_a = \lambda + \mu + \Delta(\lambda + \mu)_{\text{Anf.}}$ $(\lambda + \mu)_e = \lambda + \mu + \Delta(\lambda + \mu)_{\text{Ende}}$

---

5. Tafel E 80: vertik. Arg. $(\lambda + \mu)_a$ }
horiz. Arg. φ } τ_1 interpolieren.
vertik. Arg. $(\lambda + \mu)_e$ }
horiz. Arg. φ } τ_2 interpolieren.
Zu bilden: $t_1 = (\lambda + \mu)_a + \tau_1$ $t_2 = (\lambda + \mu)_e + \tau_2$
Tafel E 75: t_1 und t_2 in der Spalte »μ« aufsuchen. Die danebenstehende Stunde ist die Zeit des Anfanges bzw. Endes der Finsternis in wahrer Ortszeit, gezählt von Mitternacht.

---

6. Tafel E 79: vertik. Arg. L }
horiz. Arg. φ } T_0 interpolieren und $360^0 - T_0$ bilden.
Tafel E 75: T_0 und $360^0 - T_0$ in der mit μ bezeichneten Spalte der Tafel aufsuchen. Die danebenstehenden Stunden sind die Zeiten von Aufgang und Untergang der Sonne in wahrer Ortszeit.

IV. Berechnung von Anfang und Ende einer Sonnenfinsternis für einen gegebenen Ort.

Finsternis des Agathokles —309 Aug. 15. Anfang und Ende für Messana.

Elemente: T = —309 Aug. 15 $7^h\,56^m$ Weltzeit. P 3°.9, γ +0.33; L 136°.7, u 0.54; μ 299

Rechen-vorschrift	Tafel	Argument	Rechnung		
IV 1			λ = +15°.5 φ = 38°.2 $\lambda+\mu$ = 314°.5		
IV 2			P = 3°.9, bei 0°; Tafel 80 Serie A zu benutzen. L = 136°.7. Von Serie A sind die mit L = 130° und L = 140° bezeichneten Tafeln zu benutzen.		
			L = 130°	L = 140°	Interpoliert: L = 136°.7
	E 80	$\lambda+\mu$ = 314°.5 φ = 38.2	Γ = 0.64	Γ = 0.65	Γ = 0.65 γ = +0.33 g = 0.98
IV 3	E 80	φ = 38.2	$\lambda+\mu$ = 314°.5 zwischen 310° und 320° $\lambda+\mu$ = 310°: Γ = 0.63 = 320: 0.66 $\Gamma-\Gamma'$ +0.03	$\lambda+\mu$ = 310°: Γ = 0.64 = 320: 0.67 $\Gamma-\Gamma'$ = +0.03	$\Gamma-\Gamma'$ = +0.03
IV 4	E 83	g = 0.98 $\Gamma-\Gamma'$ = +0.03	—	—	$\Delta(\lambda+\mu)$ Anfang —15 Ende +15 $(\lambda+\mu)_a$ = 299°.5 $(\lambda+\mu)_e$ = 329.5
IV 5	E 80	$(\lambda+\mu)_a$ = 299°.5 φ = 38.2 $(\lambda+\mu)_e$ = 329°.5 φ = 38.2	τ_1 = —24° t_1 = 276 τ_2 = —17° t_2 = 313	τ_1 = —24° t_1 = 276 τ_2 = —18° t_2 = 312	t_1 = 276° t_2 = 312°
	E 75	t_1 = 276° t_2 = 312	} in Spalte »μ« aufsuchen		Anfang: $6^h\,24^m$ Ende: $8^h\,48^m$ wahre Zeit Messana
IV 6	E 79	L = 136°.7 φ = 38.2	—	—	T_0 = 257° 360—T_0 = 103
	E 75	T_0 = 257° 360 — T_0 = 103	in Spalte »μ« aufsuchen		Sonnenaufgang $5^h 8^m$ Sonnenuntergang 18 52

Die Finsternis ist in Messana von Anfang bis Ende sichtbar.

V. Berechnung der Lage der Zentralkurve einer Sonnenfinsternis.

Grundlagen: Elemente der Finsternis nach Absatz II.
Vorbemerkung bei III beachten!

1. Zu bilden $(\Gamma) = 1.00 - \gamma$.

---

2. Tafel E 80: Nach Art des Elementes P Serie A oder B zu wählen. Benutzt werden die beiden Tafeln, deren Überschriften L das Element L einschließen.

Für die runden Werte des Argumentes $\lambda + \mu$ wird berechnet, für welche Breite φ der Tafelwert Γ den Wert $(\Gamma) = 1.00 - \gamma$ annimmt.

Von den $\lambda + \mu$ wird μ abgezogen, womit sich die zu den berechneten φ gehörenden Längen λ ergeben. λ ist die geogr. Länge, gezählt von Greenwich und östlich positiv.

Die berechneten Punkte λ, φ werden in ein Kartennetz eingezeichnet und durch eine Kurve verbunden.

---

3. Tafel E 84: Für P bei 0° ist Tafel E 84 A zu nehmen.
Für P bei 180° ist Tafel E 84 B zu nehmen.

Mit dem Element L als Argument werden für die oben in der Tafel angegebenen Werte der geogr. Breite φ die Größen $\lambda + \mu$ für größte Phase bei Sonnenaufgang und bei Sonnenuntergang interpoliert.

Durch Abziehen des Elementes μ von den $\lambda + \mu$ ergeben sich die zu den einzelnen Breiten φ gehörenden Längen λ, gezählt von Greenwich und östlich positiv gerechnet.

Die gefundenen Punkte werden ebenfalls in das Kartennetz eingezeichnet und ergeben Kurven, die sich mit der vorher berechneten Kurve schneiden. Diese Schnittpunkte mit der ersten Kurve sind Anfangs- und Endpunkt der Zentralkurve.

Die Finsternis beginnt bei Sonnenaufgang in dem westlichsten Punkte der Zentralkurve und endet bei Sonnenuntergang in dem östlichsten Punkte.

V. Berechnung der Lage der Zentralkurve.

Finsternis des Agathokles —309 Aug. 15.

Elemente: T = —309 Aug. 15 $7^h\,56^m$ Weltzeit P = 3°.9 γ = +0.33
L = 136°.7 u = 0.54
μ = 299

Rechen-vorschrift	Tafel	Argument	Rechnung
V 1			(Γ) = 1.00 — γ = 0.67
V 2	E 80		P = 3°.9, bei 0°; Tafel 80 Serie A zu benutzen. L = 136°.7. Von Serie A sind die mit L = 130° und L = 140° bezeichneten Tafeln zu benutzen.
V 3	E 84	L = 136°.7	Größte Phase bei Sonnenaufgang / Größe Phase bei Sonnenuntergang (siehe unten)

V 2 (E 80):

L = 130°		L = 140°		L = 136°.7	
Tafelwert Γ=0.67 für		Tafelwert Γ=0.67 für		Zentralkurve:	
$\lambda+\mu$	φ	$\lambda+\mu$	φ	φ	λ
280°	+26°.4	280°	+(28°.5)	+(28°.0)	(—19°)
290	29.3	290	31.4	30.7	— 9
300	32.7	300	34.0	33.6	+ 1
310	35.3	310	36.2	35.9	11
320	37.5	320	38.1	37.9	21
330	39.4	330	38.8	39.0	31
340	40.0	340	38.8	39.2	41
350	40.0	350	38.1	38.7	51
0	38.8	0	35.6	36.7	61
10	35.3	10	32.1	33.2	71
20	31.4	20	26.7	28.3	81
30	26.2	30	21.4	23.0	91
40	20.0	40	16.7	17.8	101
50	15.4	50	12.7	13.6	111
60	10.8	60	(8.6)	(9.3)	(121)
70	(7.5)	70	(5.7)	(6.3)	(131)

V 3 (E 84, L = 136°.7):

Größte Phase bei Sonnenaufgang			Größe Phase bei Sonnenuntergang		
φ	$\lambda+\mu$	λ	φ	$\lambda+\mu$	λ
50°	271°	—28°	50°	98°	+159°
40	280	—19	40	87	+148
30	286	—13	30	79	+140
20	291	— 8	20	73	+134
10	294	— 5	10	68	+129

VI. Bestimmung der Größe einer Sonnenfinsternis an einem bestimmten Ort für eine beliebige Tagesstunde (Stundenwinkel der Sonne).

Grundlagen der Rechnung: Elemente der Finsternis nach Absatz II. Vorbemerkungen bei Absatz III beachten!

1. Geographische Länge λ und Breite φ des Ortes aus Atlas oder Tafel E 101 entnehmen. λ ist von Greenwich zu zählen und östlich positiv zu nehmen.
   Mit Element μ die Größe $(\lambda + \mu)$ bilden.

---

2. Tafel E 75: Mit der Tagesstunde als Argument (Spalte »Stunde«) μ herausschreiben. μ ist der Stundenwinkel t_1 der Sonne.

---

3. Tafel E 80: Nach Art des Elementes P Serie A oder B zu wählen. Benutzt werden die beiden Tafeln, deren Überschriften L das Element L einschließen.
   Mit dem Arg. φ werden für eine Reihe der runden Werte des Argumentes $\lambda + \mu$ die Werte τ interpoliert und $t = \lambda + \mu + \tau$ gebildet.
   Damit erhält man eine Reihe Werte von t, die nach $\lambda + \mu$ fortschreiten. Durch einfache Interpolation wird bestimmt, welcher Wert von $\lambda + \mu$ dem unter 2 berechneten Werte von t_1 entspricht. Dieser Wert wird mit $(\lambda + \mu)_1$ bezeichnet.

---

4. Tafel E 80:
   vertik. Arg. $(\lambda + \mu)_1$, horiz. Arg. φ } Γ interpolieren und mit Γ_1 bezeichnen.
   Zu bilden: $\gamma + \Gamma_1$ und $(\lambda + \mu)_1 - (\lambda + \mu)$; das Vorzeichen der letzteren Größe bleibt unbeachtet.

---

5. Tafel E 82:
   vertik. Arg. $(\lambda + \mu)_1 - (\lambda + \mu)$, horiz. Arg. $\gamma + \Gamma_1$ } g interpolieren.
   Tafel E 81: Mit Arg. g aus der mit dem Element u bezeichneten Spalte der Tafel die Größe in Zoll herausschreiben.

---

6. Bei Finsternissen, die früh am Morgen oder spät am Abend stattfinden, kann zur leichteren Beurteilung der Auffälligkeit kleiner Phasen die Höhe der Sonne nach Tafel E 85 abgeschätzt werden. Die Tafel liefert mit dem vertik. Arg. L und dem horiz. Arg. φ die Höhe der Sonne eine Stunde nach Sonnenaufgang oder eine Stunde vor Sonnenuntergang.
   Die Zeiten von Sonnenaufgang und Sonnenuntergang können nach Absatz IV 6 berechnet werden.

VI. Bestimmung der Größe der Finsternis für einen bestimmten Ort und für beliebigen Stundenwinkel der Sonne.

Finsternis des Agathokles —309 Aug. 15. Größe der Finsternis für Messana um 7 Uhr früh (= 1/2 Stunde vor Eintritt der größten Verfinsterung).

Elemente: —309 Aug. 15 $7^h\ 56^m$ w. Z. Gr. P $3^\circ.9$ $\gamma = +0.33$; L 136.7 $u = 0.54$; μ 299

Rechen-vor-schrift	Tafel	Argument	Rechnung		
VI 1			$\lambda = +15^\circ.5$ $\varphi = 38^\circ.2$ $(\lambda+\mu) = 314^\circ.5$		
VI 2	E 75	Stunde $7^h\ 0^m$	7^h früh; Stundenwinkel t_1 der Sonne $= 285^\circ$		
VI 3			$P = 3^\circ.9$, bei 0. Tafel 80 Serie A zu benutzen. $L = 136^\circ.7$. Von Serie A werden die mit $L = 130^\circ$ und $L = 140^\circ$ bezeichneten Tafeln verwendet.		
			$L = 130^\circ$	$L = 140^\circ$	$L = 136^\circ.7$
	E 80	$\varphi = 38^\circ$	$\lambda+\mu$ — t 290° — 266° 300 — 276 310 — 287 $t_1 = 285^\circ$: $\lambda+\mu = 308^\circ$	$\lambda+\mu$ — t 290° — 266° 300 — 276 310 — 287 $t_1 = 285^\circ$: $\lambda+\mu = 308^\circ$	$(\lambda+\mu)_1 = 308^\circ$
VI 4	E 80	$(\lambda+\mu)_1 = 308^\circ$ $\varphi = 38$	$\Gamma_1 = 0.62$	$\Gamma_1 = 0.63$	$\Gamma_1 = 0.63$ $\gamma = +0.33$ $\gamma+\Gamma_1 = 0.96$ $\lambda = +15^\circ.5$ $\mu = 299$ $(\lambda+\mu) = 314.5$ $(\lambda+\mu)_1-(\lambda+\mu) = 6^\circ.5$
VI 5	E 82	$(\lambda+\mu)_1-(\lambda+\mu) = 6.5$ $\gamma+\Gamma_1 = 0.96$	$g = 0.75$		
	E 81	$g = 0.75$, Spalte u	$u = 0.54$ Größe der F. in Zoll: 6.5 Zoll		
VI 6	E 85	$L = 136^\circ.7$ $\varphi = 38$	Höhe der Sonne 1^h nach Aufgang 11°. Nach IV 6 geht die Sonne $5^h 8^m$ früh auf; es sind also fast 2 Stunden verflossen, Höhe der Sonne daher größer als 11° (etwa 18°). Phase 6.5 Zoll bei dieser Höhe noch nicht sehr auffällig.		

VII. Spezialfall bei zentralen Sonnenfinsternissen: Sonne geht vor Beginn der größten Phase unter oder nach Ende der größten Phase auf. — Berechnung der Größe der Phase für Sonne im Horizont.

Der Spezialfall, wie er im Titel genannt ist, liegt dann vor, wenn bei der Berechnung der Zeit der größten Phase nach Absatz III die Werte τ und Γ außerhalb der Tafeln oder in ein Grenzintervall fallen. Die Finsternis ist dann für den betreffenden Ort überhaupt nur partiell und erreicht ihre größte Phase im Horizont.

In diesem Falle ist also die größte Phase für den Stundenwinkel des Sonnenaufganges oder -Unterganges zu berechnen.

1. Geogr. Länge λ und Breite φ des Ortes aus Atlas oder Tafel E 101 entnehmen. λ ist von Greenwich aus zu zählen und östlich positiv zu nehmen.
   Zu bilden: λ + Element $\mu = (\lambda + \mu)$.

---

2. Tafel E 79:
   vertik. Arg. L, horiz. Arg. φ } T_0 interpolieren.
   Der Stundenwinkel t_1, für den die Rechnung auszuführen ist, ist dann:
   $\lambda + \mu$ zwischen 200° und 360°: $t_1 = T_0$ (Sonnenaufgang)
   $\lambda + \mu$ zwischen 0° und 160°: $t_1 = 360 - T_0$ (Sonnenuntergang)

---

3. Tafel E 80: Nach Art des Elementes P Serie A oder B zu wählen. Benutzt werden die beiden Tafeln, deren Überschriften L das Element L einschließen.
   Für eine Reihe der runden Werte des Arg. $\lambda + \mu$ werden mit dem Arg. φ die Größen τ und damit $t = \lambda + \mu + \tau$ berechnet. Durch einfache Interpolation wird aus der so gebildeten Wertereihe gefunden, welcher Wert $\lambda + \mu$ dem unter 2 berechneten Werte von t_1 entspricht. Dieser Wert wird mit $(\lambda + \mu)_1$ bezeichnet.

---

4. Tafel E 80:
   vertik. Arg. $(\lambda + \mu)_1$, horiz. Arg. φ } Γ interpolieren und mit Γ_1 bezeichnen.
   Zu bilden: $\gamma + \Gamma_1$ und $(\lambda + \mu)_1 - (\lambda + \mu)$, das Vorzeichen der letzteren Größe ist gleichgültig.

---

5. Tafel E 82:
   vertik. Arg. $(\lambda + \mu)_1 - (\lambda + \mu)$, horiz. Arg. $\gamma + \Gamma_1$ } g interpolieren.
   Tafel E 81: Aus der mit dem Element u bezeichneten Spalte der Tafel mit dem Arg. g die Größe in Zoll herausschreiben.
   Tafel E 75: t_1 in der Spalte »μ« der Tafel aufsuchen und die danebenstehende Stunde herausschreiben; sie gibt die Zeit des Sonnenaufganges bzw. Sonnenunterganges in wahrer Ortszeit (Tagesbeginn Mitternacht).

VII. Spezialfall. Sonne geht vor Zentralität unter oder nach Zentralität auf. Größte Phase im Horizont.

Finsternis des Thales —584 Mai 28. Größte Phase in Babylon.

Elemente: —584 Mai 28 $14^h\ 36^m$ w. Z. Greenwich. $P\ 3\overset{\circ}{.}8$ $\gamma\ +0.32$ $L\ 59.8$ $u\ 0.53$ $\mu\ 39$

Rechen-vor-schrift	Tafel	Argument	Rechnung
VII 1			Länge $\lambda = +44\overset{\circ}{.}5$, Breite $\varphi = 32\overset{\circ}{.}5$ $(\lambda + \mu) = \overset{\circ}{84}$. Dafür liefert Tafel E 80 A keine Werte mehr, weshalb die Rechnung nach III abzubrechen war.
VII 2	E 79	$L = 59\overset{\circ}{.}8$ $\varphi = 32.5$	$T_0 = \overset{\circ}{256}$. $\lambda + \mu$ liegt bei $\overset{\circ}{90}$ (zwischen $\overset{\circ}{0}$ und $\overset{\circ}{160}$), daher zu setzen: $t_1 = \overset{\circ}{360} - T_0 = \overset{\circ}{104}$.
VII 3	E 80 A		P bei $\overset{\circ}{0}$, also Serie A zu benutzen. $L = 59\overset{\circ}{.}8$ liegt so dicht an dem runden Zehner $\overset{\circ}{60}$, daß die Rechnung nur für $L = \overset{\circ}{60}$ ausgeführt zu werden braucht.
		$\varphi = 32\overset{\circ}{.}5$	$\lambda+\mu$ τ t $\overset{\circ}{70}$ $+\overset{\circ}{27}$ $\overset{\circ}{97}$ Dem Wert $t_1 = \overset{\circ}{104}$ 80 +27 107 entspricht $(\lambda+\mu)_1 = \overset{\circ}{77}$ 90 — —
VII 4	E 80 A	$(\lambda + \mu)_1 = \overset{\circ}{77}$ $\varphi = 32.5$	$\Gamma_1 = 0.71$ γ +0.32 $\lambda + \mu = 84$ $\gamma + \Gamma_1 =$ 1.03; $(\lambda+\mu)_1 = 77$ Diff. = 7 (Vorzeichen gleichgültig)
VII 5	E 82	$(\lambda+\mu)_1 - (\lambda+\mu) = 7$ $\gamma + \Gamma_1 = 1.03$	$g = 1.26$
	E 81 E 75	$g = 1.26$, Spalte $u = 0.53$	Größe in Zoll = 6.2 südlich; $t_1 = \overset{\circ}{104} = 18^h\ 56^m$, Sonnenuntergang

VIII. Spezialfall bei zentralen Sonnenfinsternissen: Sonne geht vor Beginn der zentralen Verfinsterung unter oder erst nach Ende der zentralen Verfinsterung auf: Berechnung der Zeiten von Anfang und Ende der Finsternis.

Der Spezialfall liegt vor, wenn bei Berechnung der Zeit von Anfang und Ende der Finsternis nach IV die Tafel E 80 keine Werte für τ und Γ liefert.

1. Geogr. Länge λ und Breite φ des Ortes aus Atlas oder Tafel E 101 entnehmen. λ ist von Greenwich zu zählen und östlich positiv zu nehmen.
Mit Element μ die Größe $(\lambda + \mu)$ bilden.

---

2. Tafel E 79: vertik. Arg. L, horiz. Arg. φ } T_0 interpolieren.

---

3. Tafel E 80: Nach Art des Elementes P Serie A oder B zu wählen.
Aus den beiden Tafeln, die das Element L einschließen, wird eine Hilfstabelle hergestellt, die für die Breite φ des Ortes und das Element L gilt. Dazu werden mit dem Arg. φ nur die drei obersten (wenn $(\lambda + \mu)$ bei 270°) oder untersten (wenn $(\lambda + \mu)$ bei 90°) Werte τ und Γ für die runden Zehner des Arg. $\lambda + \mu$ berechnet, die Resultate werden dann nach L interpoliert.

---

4. Aus der Hilfstabelle werden der Reihe nach
bei $(\lambda + \mu)$ bei 270°: für $t_1 = T_0,\ T_0 + 1^\circ,\ T_0 + 2^\circ$
bei $(\lambda + \mu)$ bei 90°: für $t_1 = 360^\circ - T_0,\ 360^\circ - T_0 - 1^\circ,\ 360^\circ - T_0 - 2^\circ$
} oder in weiterem Intervall
die zugehörigen Werte $(\lambda + \mu)_1$ und Γ_1 berechnet.

---

5. Für jedes Wertepaar $(\lambda + \mu)_1$ und Γ_1 wird gebildet:
$\gamma + \Gamma_1 \quad (\lambda + \mu)_1 - (\lambda + \mu)$; Vorzeichen letzterer Größe ist gleichgültig
Tafel E 82: vertik. Arg. $(\lambda + \mu)_1 - (\lambda + \mu)$, horiz. Arg. $\gamma + \Gamma_1$ } g interpolieren.
Tafel E 81: Aus der mit dem Element u bezeichneten Spalte der Tafel mit Arg. g die Größe in Zoll herausschreiben.

---

6. Tafel E 75: Die Werte t_1 in der Spalte »μ« der Tafel aufsuchen und die danebenstehenden Stunden herausschreiben.
Damit ergeben sich für eine Reihe von Zeiten die Größen der F. in Zoll; auf graphischem Wege wird daraus gefunden, wann die Größe 0 Zoll eintritt.
Dann ist:
$(\lambda + \mu)$ bei 270°: Anfang der F. bei Sonnenaufgang.
Ende der F.: die soeben berechnete Stunde.
$(\lambda + \mu)$ bei 90°: Anfang der F.: die soeben berechnete Stunde.
Ende der F. bei Sonnenuntergang.
Die Zeiten von Sonnenaufgang und Sonnenuntergang werden nach IV 6 gefunden.
Alle Zeiten sind wahre Ortszeiten (Tagesbeginn Mitternacht).

VIII. Spezialfall: Sonne geht vor Zentralität unter oder nach Zentralität auf.

Finsternis des Thales —584 Mai 28. Sichtbarkeit in Babylon.

Elemente: —584 Mai 28 $14^h 36^m$ w. Z. Greenwich P $3^\circ.8$ γ +0.32
L 59.8 u 0.53
μ 39

Rechen-vorschrift	Tafel	Argument	Rechnung				
VIII 1			Babylon Länge $\lambda + 44^\circ.5$ $\varphi = 32^\circ.5$ $(\lambda+\mu) = 84^\circ$				
VIII 2	E 79	$L = 59^\circ.8$ $\varphi = 32.5$	$T_0 = 256^\circ$				
VIII 3	E 80 A	$L = 59^\circ.8$ $\varphi = 32.5$	Tafel E 80 A, weil P bei 0°. Rechnung hier nur nötig für $L = 60^\circ$.				
				Hilfstabelle			
			$\lambda + \mu$ bei 90° also Hilfstabelle für die unteren Werte der Tafel	$\lambda+\mu$	τ	t	Γ
				60°	$+27^\circ$	87	0.80
				70	+27	97	0.75
				80	+27	107	0.70
VIII 4	Hilfs-tabelle	$t_1 = 360 - T_0$ $t_1 = 360 - T_0$-3 usf.	$\lambda + \mu$ bei 90°, deshalb $t_1 = 360 - T_0$ usw.				
			t_1	$360^\circ - T_0$ 104°	$360^\circ - T_0 - 3^\circ$ 101°	$360^\circ - T_0 - 6^\circ$ 98°	$360^\circ - T_0 - 9^\circ$ 95°
			$(\lambda+\mu)_1$ Γ_1	77° 0.72	74° 0.73	71° 0.75	68° 0.76
VIII 5			$\gamma + \Gamma_1$ $(\lambda+\mu)_1 - (\lambda+\mu)$	1.04 7°	1.05 10°	1.07 13°	1.08 16°
	E 82	$(\lambda+\mu)_1 - (\lambda+\mu)$ $\gamma + \Gamma_1$	g	1.26	1.37	1.48	1.59
	E 81	g, Spalte $u = 0.53$	Größe in Zoll	6.2	3.7	1.2	—
VIII 6	E 75		t_1 in Zeit	$18^h 56^m$	$18^h 44^m$	$18^h 32^m$	$18^h 20^m$

Resultat: $18^h 20^m$ w. Z. Babylon, Größe — Zoll.
18 32 1.2
18 44 3.7
18 56 6.2

Anfang der F. $18^h 26^m$ (0.0 Zoll)
Ende der F. 18 56 (6.2 Zoll) bei Sonnenuntergang

IX. Berechnung einer Mondfinsternis.

1. Berechnung der Elemente der Finsternis.

Die Berechnung erfolgt nach den Vorschriften von § 14 Absatz II. Statt der Periodentafel E 69 ist aber jetzt die für Mondfinsternisse geltende Periodentafel E 70 zu benutzen.

Die Zeichen bei T_b bedeuten:

t !	sicher total
t ? *p* !	vielleicht total, sicher partiell
t ? *p* ?	Finsternis ist zweifelhaft
p ?	Finsternis ist sehr zweifelhaft.

---

2. Berechnung der näheren Umstände einer Mondfinsternis.

Geogr. Länge λ und Breite φ des Ortes aus Atlas oder Tafel E 101 entnehmen. λ ist von Greenwich zu zählen und östlich positiv zu nehmen.

Tafel E 86: Arg. $u + \gamma$ bilden; γ wird dabei stets als positiv behandelt, also einfach ohne Rücksicht auf das Vorzeichen zu u zugelegt.

Mit Arg. $u + \gamma$ herausschreiben:

Größe in Zoll, t_1, t_2, λ_1, λ_2. (t_2 u. λ_2 nur bei totalen Finsternissen.)

Tafel E 87: Mit Arg. μ die Größe λ_z interpolieren.

Tafel E 88: Mit Arg. L die Größen φ_z und N interpolieren. Dabei ist zu beachten, daß für P bei 0° und P bei 180° verschiedene Spalten zu benutzen sind!

Tafel E 89: Mit Arg. γ die Größe χ interpolieren.

Damit wird:

	wahre Z. Greenw.	wahre Ortszeit	Mond im Zenit	
Anfang der partiellen F.	$T - t_1$	$T - t_1 + \lambda$	$l = \lambda_z + \lambda_1$	φ_z
Anfang der totalen F.	$T - t_2$	$T - t_2 + \lambda$	$l = \lambda_z + \lambda_2$	φ_z
Ende der totalen F.	$T + t_2$	$T + t_2 + \lambda$	$l = \lambda_z - \lambda_2$	φ_z
Ende der partiellen F.	$T + t_1$	$T + t_1 + \lambda$	$l = \lambda_z - \lambda_1$	φ_z

---

3. Sichtbarkeit der F. für einen beliebigen Ort mit Länge λ und Breite φ.

Tafel E 79. vertik. Arg. L / horiz. Arg. φ } T_0 interpolieren.

Eine Phase, zu der das oben berechnete l (Mond im Zenit) gehört, ist an dem Ort sichtbar, wenn

$$\lambda - l \text{ zwischen } T_0 \text{ und } 360^\circ - T_0 \text{ liegt.}$$

---

4. Positionswinkel von Eintritt und Austritt.

Wird auf S. 128 später hinter dem Beispiel erläutert.

IX. Ausführliche Berechnung einer Mondfinsternis.

Mondfinsternis —720 März 19. Babylon.

Rechen-vor-schrift	Tafel	Argumente	Rechnung				
II 1	E 67		—720 März 19 = —720.79				
II 2	E 68		T_a = —736.92				
			T_b = 16.13				
			I	*II*	*T*	*P*	*L*
II 3	E 68	T_a = —736.92	861	185	1452 264.259	177.3°	299.7°
	E 70!	T_b = 16.13	807	129	5 891.353	178.8	226.8
	E 70!				003		
	Summe		668	314			
II 4	E 71	*I* = 668, *II* = 314			799		
II 5	E 72	*II* = 314, *Jahr* —720			359		
II 6	E 73	*I* = 668				0.9	0.8
II 7	E 74	*II* = 314, *Jahr* —720				4.9	4.6
II 8	Summe				1458 156.773	1.9	171.9
II 9	E 75	Dez. von *T* 773	*T* = 18h 33m μ = 98°				
	E 76	*P* = 1.9, *I* = 668	γ = +0.18				
	E 77	*I* = 668, *II* = 314	*u* = 0.56				

Elemente *T* = —720 März 19 18h 33m w. Z. Greenw. *P* 1.9° γ = +0.18
L 171.9 *u* = 0.56
μ 98

Rechen-vorschrift	Tafel	Argumente	Rechnung
IX 2			Babylon λ + 44.5°, φ 32.5° λ = 2h 58m
	E 86	$u + \gamma = 0.74$	Größte Phase: Total, 18.2.
			t_1 = 1h 50m λ_1 = 27°
			t_2 = 47m λ_2 = 12
	E 87	μ = 98°	λ_z = +82°
	E 88	*L* = 171.9, *P* = 1.9°	φ_z = + 3
			N = 198
	E 89	γ = +0.18	χ = 80
IX 3	E 79	*L* = 171.9°, φ = 32.5°	T_0 = 268 = — 92°, 360—T_0 = 92°

	Wahre bürg. Z. Greenw.			Wahre Z. Babylon		
	h m	h m	h m	h m	h m	h m
Anfang der partiellen F.	März 19 18 33	—1 50	= 16 43	16 43	+2 58	= 19 41
Anfang der totalen F.	18 33	— 47	17 46	17 46	+2 58	= 20 44
Ende der totalen F.	18 33	+ 47	19 20	19 20	+2 58	= 22 18
Ende der partiellen F.	18 33	+1 50	= 20 23	20 23	+2 58	= 23 21

Mond im Zenit

Anfang der partiellen F.	*l* = +82° +27° = 109°	φ_z = +3°	Pos. W. des Eintritts $N - \chi$ = 118°
Anfang der totalen F.	*l* = +82 +12 = 94	+3	
Ende der totalen F.	*l* = +82 —12 = 70	+3	
Ende der partiellen F.	*l* = +82 —27 = 55	+3	Pos. W. des Austritts $N + \chi$ = 278°

Anfang: $\lambda - l$ = —64° } beide Werte zwischen T_0 und 360—T_0; F. vollständig
Ende: $\lambda - l$ = —10 } sichtbar.

Für den Verlauf einer Mondfinsternis ist die Lage der Punkte, an denen der Erdschatten eintritt und austritt, charakteristisch. In dem Beispiel wurden die Positionswinkel

$$N - \chi \text{ für Eintritt und } N + \chi \text{ für Austritt}$$

berechnet; sie werden vom Nordpunkt des Mondrandes über Ost bis 360° durchgezählt.

Der Nordpunkt des Mondrandes ist der Punkt, in dem der Stundenkreis, in dem der Mond steht, den dem Nordpol zugekehrten Teil des Mondrandes schneidet. Dieser Punkt ist aber nur dann der im populären Sinne »höchste« Punkt des Mondrandes, wenn der Mond gerade im Meridian steht. Das wäre die Stellung des Punktes N in Fig. 13 I.

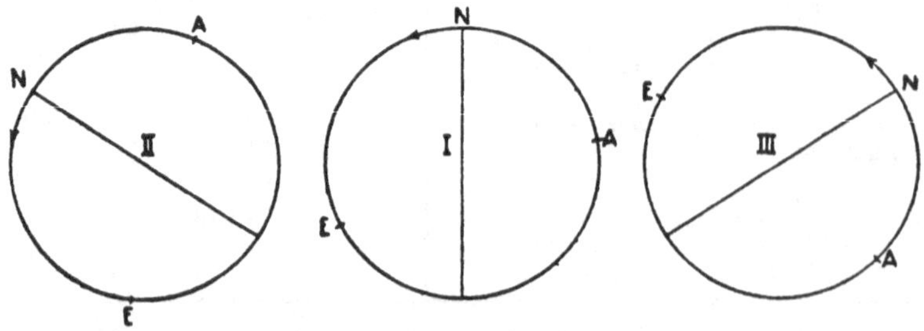

Fig. 13.

Steht der Mond aber nicht im Meridian, so ist der Stundenkreis gegen den Vertikal geneigt. Damit verlagert sich für Mond östlich vom Meridian der Nordpunkt des Randes nach Ost, für Mond westlich vom Meridian nach West, wie es die Fig. 13 II und III andeuten.

Um für jeden einzelnen Fall die scheinbare Lage gegen den Horizont zu bestimmen, werden zunächst die Positionswinkel für Eintritt E und für Austritt A eingetragen, wie in Fig. 13 I dargestellt ist.

Weiter werden für die Zeiten von Eintritt und Austritt nach § 16 I 2 die Sternzeiten ϑ berechnet und das Element L der Finsternis von ihnen abgezogen. Die Differenz $\vartheta - L$ ist der genäherte Stundenwinkel des Mondes; ist er negativ, so steht der Mond östlich vom Meridian, ist er positiv, westlich. (Weil statt L eigentlich die Rektaszension des Mondes genommen werden müßte, entsteht hier ein für das Ergebnis belangloser Fehler von höchstens 3.5 Grad.)

Mit dem vertikalen Argument $t = \vartheta - L$ und φ_z (φ_z ist in dem Beispiel S. 127 berechnet) wird aus der hier beigefügten Tafel der Winkel p interpoliert. Um diesen Winkel wird die Figur gedreht und zwar für negatives t gegen den Uhrzeiger, für positives mit dem Uhrzeiger.

Parallaktischer Winkel p des Nordpunktes des Mondes für Babylon.

t	φ_z +24°	+20°	+16°	+12°	+8°	+4°	0°	−4°	−8°	−12°	−16°	−20°	−24°
0°	0°	0°	0°	0°	0°	0°	0°	0°	0°	0°	0°	0°	0°
2	12	8	6	5	4	4	3	3	3	2	2	2	2
4	22	15	12	10	8	7	6	5	5	4	4	4	4
6	31	22	17	14	12	11	10	9	8	7	7	6	6
8	38	28	22	19	16	14	12	11	10	9	9	8	8
10	44	34	27	23	20	17	15	14	13	12	11	10	10
12	48	38	31	26	23	20	18	16	15	14	13	12	12
14	52	42	35	30	26	23	21	19	18	16	15	14	14
16	55	46	38	33	29	26	23	21	20	18	17	16	16
18	58	49	41	36	32	29	26	24	22	21	20	19	18
20	60	51	44	39	34	31	28	26	24	23	22	21	20
24	63	55	48	43	39	35	32	30	28	26	25	24	23
28	65	58	52	47	43	39	36	34	32	30	29	27	26
32	66	60	54	50	46	43	40	37	35	33	32	30	29
36	67	61	56	52	49	45	43	40	38	36	35	34	33
40	67	62	58	54	51	48	45	43	41	39	38	37	36
44	67	63	59	56	52	50	47	45	43	41	40	39	38
48	67	64	60	57	54	52	49	47	46	44	43	42	41
52	67	64	61	58	55	53	51	49	48	46	45	44	43
56	67	64	61	59	56	54	52	50	49	48	47	46	46
60	66	64	61	59	57	55	54	52	51	50	49	48	48
64	66	63	61	59	58	56	55	54	52	51	51	50	50
68	65	63	61	60	58	57	56	55	54	53	52	52	52
72	64	63	61	60	58	57	56	55	55	54	54	53	53
76	64	62	61	59	58	58	57	56	56	55	55	54	
80	63	61	60	59	58	58	57	56	56	56			
84	62	61	60	59	58	58	57	57	57				
88	60	60	59	58	58	58	57						
92	59	58	58	58	57	57							
96	58	57	57	57									
100	56	56	56										
104	55												

Die Tafel ist nur für Babylon gültig, kann aber für Breiten zwischen 30 und 35 Grad benutzt werden. Für andere Breiten läßt sich p auf folgende Weise berechnen:

Mit dem Argument $t = \vartheta - L$ werden aus Taf. 13 in Taf. Chr. III für die Breite des Ortes die Größen B und C entnommen und gerechnet:

$$\operatorname{tg} p = \frac{\operatorname{cotg} C}{\cos (B + \varphi_z)} .$$

So einfach die Rechnung ist, so schwierig wird es manchmal sein, die Angaben der alten Beobachter mit ihr in Einklang zu bringen. Es entsteht zunächst die Frage: Wie haben die Alten die Himmelsrichtungen aufgefaßt? Haben sie unter »Nord« und »Süd« das verstanden, was populär »oben« und »unten« genannt wird? Nach Kuglers Ansicht hätten die Babylonier unter dem Nordpunkt den astronomisch richtig gerechneten Nordpunkt verstanden. Diese Frage bedarf aber noch eingehender Untersuchung. Wie in § 16 IX am Schluß ausgeführt wird, ist es weiter sehr wahrscheinlich, daß die bisherigen Übersetzungen der Himmelsrichtungen geändert werden müssen; amurru bedeutet nicht West, sondern Südwest, und entsprechend sind die anderen Richtungen in der Windrose um 45 Grad gegen den Uhrzeiger zu verschieben.

X. Die Genauigkeit des Resultates.

Es darf nicht außer acht gelassen werden, daß die genial angelegten Tafeln von Schram (denn die hier gegebenen Tafeln sind nichts weiter als eine Umarbeitung der Schramschen Tafeln mit Einführung der Schochschen Korrektionen) mit gewissen Vereinfachungen arbeiten, die das Resultat in seiner Genauigkeit etwas beeinflussen.

Die Resultate sind nicht absolut genau, jedoch für historische Zwecke vollständig ausreichend. Man kann etwa sagen, daß nach den verbesserten Tafeln von Schram die Kurven bis höchstens 100 km falsch liegen können. Zweifelhafte Fälle werden daher mit den genauen Syzygientafeln Oppolzer-Schoch zu entscheiden sein, die eine Genauigkeit von etwa 5 km liefern. Aber auch da werden die Schramschen Tafeln zur ersten Orientierung unentbehrlich sein; es wäre eine vollkommen zwecklose Arbeit, wenn man alle Finsternisse nach den ganz genauen Tafeln nachrechnen wollte.

Die Resultate für Mondfinsternisse können als absolut genau bezeichnet werden; bei ihnen liefern auch die ausführlicheren Tafeln keine wesentlich höhere Genauigkeit.

Wie groß die Unsicherheit bei Sonnenfinsternissen ist, soll an dem Beispiel der bekannten Finsternis des Agathokles gezeigt werden. Nach den verbesserten Tafeln von Schram verläuft die Zentralkurve längs einer Linie: Südspitze von Sizilien bis Elis. Für Messana wird daher die Finsternis nicht mehr total, sondern nur 11.8 Zoll (statt 12 Zoll). Die richtige Zentralkurve geht aber etwa 100 km weiter nördlich durch die Mitte von Sizilien, so daß die F. auch nördlich der Straße von Messina total wird.

Es wäre nun unvorsichtig, auf Grund des nach den verbesserten Tafeln von Schram errechneten Ergebnisses behaupten zu wollen, damit sei die Südfahrt des Agathokles erwiesen. Im Gegenteil sprechen bestimmte positive Angaben (Agathokles habe seinen Söldnern einen gegen Sardinien gerichteten Zug vorgespiegelt) für die Nordfahrt. Es ist dies einer der

Zweifelsfälle, die durch Berechnung nach genaueren Tafeln entschieden werden müssen.

Zu bewundern bleibt aber immer, daß die so einfache Rechnung nach Schram doch Resultate ergibt, die der Wahrheit so nahe kommen.

XI. Der Einfluß der Schochschen Korrektionen auf das Resultat.

Der Einfluß der Schochschen Korrektionen läßt sich allgemein folgendermaßen ausdrücken: Schoch erhält ein größeres T, also ein größeres μ, daher folgt aus $\lambda + \mu$ ein kleineres λ und die Zentrallinien liegen nach Schoch im allgemeinen weiter nach Westen, als nach den nicht korrigierten Tafeln von Schram.

Dieses allgemeine Bild erfährt jedoch im einzelnen gewisse Änderungen. Liegt P bei 0° und L bei 180°, oder L bei 0° und P bei 180°, so wirkt die Verbesserung in P der Verbesserung in T entgegen; bei Finsternissen dieser Art ergibt sich daher eine nur geringe Verschiebung der Zentrallinie gegen Schram. Eine solche Finsternis ist die F. —1334 März 13; bei ihr fällt für den Punkt, in dem die Finsternis im Mittag stattfindet, die Zentralkurve nach Schoch mit der nach Schram zusammen; vorher liegt die Kurve nach Schoch etwas mehr nach Osten, nachher nach Westen, im Maximum um etwa 2 Grad.

Ganz anders, wenn P und L beide bei 0° oder beide bei 180° liegen, wie z. B. bei der Finsternis —1586 April 7. Jetzt addiert sich die Wirkung der Verbesserungen in P und in T und die Kurve nach Schoch liegt in ihrer ganzen Ausdehnung 12 Grad weiter nach Westen als die Kurve von Schram. Das bedeutet für 30 Grad Breite eine Verschiebung um 1100 Kilometer nach West.

Die unverbesserten Schramschen Tafeln enthalten die Ginzelschen Korrektionen, und es ist deutlich zu ersehen, wie weit die Ginzelschen Korrektionen um —1500 bereits fehlerhaft werden. Die beiden oben behandelten Fälle stellen die Extreme dar, zwischen denen der Fehler liegt, so daß die Ginzelschen Korrektionen die Zentralkurven um —1500 im Durchschnitt um 600 Kilometer zu weit nach Osten verlegen.

Hieraus darf aber kein Vorwurf gegen Ginzel abgeleitet werden. Es ist ganz natürlich, daß Ginzel sich bei der Beurteilung der näheren Umstände der historischen Finsternisse an die Anschauungen seiner Zeit hielt und in der Bewertung der einzelnen Finsternisse daher zuweilen irrte; so hielt Ginzel die Nordfahrt des Agathokles, die heute sicher feststeht, für ganz unwahrscheinlich, weil die offenkundig unzulängliche Mondtheorie von Stockwell sie verlangte. Es ist nicht unser Verdienst, daß wir jetzt nach 40 Jahren klarer darüber sehen und Ginzels Resultate als überholt beurteilen müssen. Wie hoch man sie früher einschätzte, beweisen Oppolzers Worte in der Einleitung zu seinem Kanon der Finsternisse.

Auch Herrn Schoch ist es lange Zeit hindurch nicht möglich gewesen, sich von dem Banne einer irrigen Auffassung freizumachen; noch in seinen verbesserten Syzygientafeln spielt die Hipparch-Finsternis —128 eine verhängnisvolle Rolle. Mit dieser Finsternis hat es folgende Bewandtnis: Pappos und Theon [1]) sowie Kleomedes geben an, Hipparch habe bei der Ableitung der Entfernung der Sonne von der Erde eine Sonnenfinsternis benutzt, die am Hellespont (ἐν τοῖς περὶ τοῦ Ἑλλησπόντου τόποις) total und in Alexandrien 9.6 Zoll groß gewesen sei. Schoch deutete die Angaben auf die Finsternis von —128, die Hipparch in seinen letzten Jahren noch erlebte. Die nur schmale Totalitätszone dieser Finsternis wird durch ganz geringfügige Änderungen im Mondknoten stark nach Norden oder Süden verschoben. Schoch hielt sie daher für den besten Prüfstein der Knotenbewegung und betont, daß alle historisch gut belegten Finsternisse bei Verkleinerung (Verlangsamung) der Knotenbewegung »verbessert werden, ja, die Archilochos-Finsternis wäre mit Leichtigkeit für Paros total zu machen, wenn die Hipparch-Finsternis nicht wäre, die dadurch ganz nach Norden verlegt wird« [2]). Der Hipparch-F. zuliebe drückte Schoch also die Korrektion der Knotenbewegung soweit herab, daß sie in die Gegend des Hellespontos gezwungen wird; wesentlich mitbestimmend war dabei der Widerspruch von Fotheringham, der eine so starke Änderung der Knotenbewegung, wie Schoch sie eigentlich verlangte, für unzulässig hielt. Kurz nach dem Erscheinen der verbesserten Syzygientafeln mußte sich aber Fotheringham aus modernen Beobachtungen überzeugen, daß Schoch mit seiner Forderung einer stärkeren Korrektion der Knotenbewegung im Rechte gewesen war. Damit löst sich das Rätsel der Hipparch-Finsternis: Schochs Beziehung der Angaben auf die Finsternis von —128 ist falsch; die Hipparch-Finsternis ist nichts anderes als die wohlbekannte Finsternis des Agathokles —309, die Hipparch nach den Angaben von Timocharis benutzt hat [3]).

Die verbesserten Syzygientafeln von Schoch erfordern also noch eine endgültige Verbesserung der Größe *P*. Durch einen glücklichen Zufall heben sich in den hier gegebenen Tafeln die Einflüsse der veränderten Elemente der neuen Syzygientafeln und ihrer endgültigen Korrektion gegenseitig auf und *P* bleibt unverändert. Aber bei genauer Rechnung nach den verbesserten Syzygientafeln muß noch die in der folgenden Tabelle gegebene Korrektion von *P* berücksichtigt werden, mit der nun alle für die Mondtheorie wichtigen historischen Finsternisse vollständig einwandfrei dargestellt werden.

---

[1]) F. Hultsch, Hipparchos über die Größe und Entfernung der Sonne. Leipzig, Sitzber. phil.-hist. Kl. *52*, 169

[2]) C. Schoch, Die Acceleration des Mondes und der Sonne. Berlin-Steglitz 1926, Selbstverlag.

[3]) Die Mitteilung von C. Schoch lag bei Niederschrift noch nicht gedruckt vor.

Korrektion ΔP der Verbesserten Syzygientafeln von C. Schoch.

(Mitteilungen des Astron. Rechen-Instituts Berlin-Dahlem 2 Nr. 2; Kiel 1928.)

	°		°		°		°
—3500	+0.155	—2000	+0.096	— 500	+0.052	+1000	+0.017
3400	150	1900	093	400	049	1100	015
3300	146	1800	090	300	047	1200	013
3200	142	1700	086	200	044	1300	010
3100	138	1600	083	— 100	042	1400	008
—3000	+0.133	—1500	+0.080	0	+0.039	+1500	+0.006
2900	129	1400	077	+ 100	037	1600	004
2800	125	1300	074	200	034	1700	+ 002
2700	121	1200	071	300	032	1800	000
2600	118	1100	068	400	030	1900	— 002
—2500	+0.114	—1000	+0.065	+ 500	+0.028	+2000	—0.004
2400	110	900	063	600	025		
2300	107	800	060	700	023		
2200	103	700	057	800	021		
2100	100	600	054	900	019		
—2000	+0.096	— 500	+0.052	+1000	+0.017		

Die Korrektionen sind an die Werte P_e der Zyklentafel anzubringen.

§ 15. Bestimmung der Zeiten des Eintrittes der Sonne in die Tierkreiszeichen, der Äquinoktien und der Solstitien.

Vorbemerkungen.

Die im Titel genannte Aufgabe wird durch die »Zodiakaltafeln« gelöst, aus denen sich direkt die Zeiten berechnen lassen, zu denen die Sonne die Länge 0°, 30°, 60°, 90°, 120° usf. erreicht.

Für die wichtigste Aufgabe, die Berechnung der Zeiten der Äquinoktien und Solstitien, gelten die Sonnenlängen:

Frühlingsäquinoktium	Sonnenlänge	0°
Sommersolstitium		90
Herbstäquinoktium		180
Wintersolstitium		270

Die Beobachtung (oder Berechnung) dieser Zeiten war im Altertum und im Mittelalter sehr ungenau. Angaben darüber können also nur zur genäherten Orientierung dienen, und es hat gar keinen Zweck, sie mit unnötig umständlichen Tafeln nachzurechnen. Insbesondere ist vor der Benutzung der veralteten und viel zu umständlichen Tafeln von Largeteau zu warnen.

Am kürzesten ist die Berechnung nach den Tafeln in Taf. Chr. III, die trotz der Kürze der Rechnung das Resultat auf etwa eine Stunde genau liefern. Die Berechnung nach den Schramschen Tafeln ist umständlicher und auch nicht genauer.

Mit Hilfe der Zodiakaltafeln läßt sich weiter die Aufgabe lösen, zu einer gegebenen Sonnenlänge die Zeit zu berechnen, in der die Sonne diese Länge erreicht. Diese in Taf. Chr. III § 23 ausführlich behandelte Aufgabe spielt bei der Berechnung der jährlichen Aufgänge und Untergänge der Sterne eine Rolle.

Mit den Zodiakaltafeln läßt sich endlich noch eine Aufgabe lösen, nämlich die Bestimmung der Sonnenlänge für eine gegebene Zeit. Diese Aufgabe wird in älteren Schriften öfter erwähnt, aber bei den heutigen Hilfsmitteln sollte man sie besser begraben sein lassen. Die Rechnung ist so umständlich, daß man viel schneller zum Ziele gelangt, wenn man die Sonnenlänge aus einer abgekürzten Sonnentafel, wie sie z. B. in Taf. Chr. II gegeben ist, direkt berechnet.

I. Berechnung der Zeiten von Äquinoktien oder Solstitien nach den Tafeln zur astronomischen Chronologie.

Die in den Taf. Chr. III § 22 angegebene Berechnungsweise ist die denkbar kürzeste und einfachste, wie die Zusammenstellung der Beispiele auf S. 136 zeigt. Zu beachten ist die Bemerkung in Absatz IV.

Zu beachten ist ferner, daß zur Berichtigung der Leverrierschen Sonnenlängen an die Werte der Tafel 19 die Korrektion T_4 aus Tafel E 2 anzubringen ist. Es genügt auch, wenn diese Korrektion zum Schlusse an das Resultat angebracht wird.

II. Berechnung der Zeiten von Äquinoktien oder Solstitien nach den Kalendariographischen Tafeln von Schram.

Die in Schrams Tafeln gegebene Berechnungsweise (S. 360 ff., Erläuterungen S. XXXIV ff.) ist etwas unbequem, wie das Zahlenbeispiel auf S. 136 zeigt.

1. Näherungswert T_0 für die Zeit annehmen. Die Zeit ist als jul. Tag nach Taf. 1 des Werkes auszudrücken.
2. Zodiakaltafel I links.

   In der mit dem Anfang des Zeichens betitelten Spalte den Zyklus T_1 entnehmen, der kleiner als T_0 ist; die ersten Zahlen sind abgetrennt und stehen links vorn.

   Die auf der gleichen Zeile stehenden Werte A_1 bis F_1 herausschreiben.

Aus »Säkularglieder zu I« rechts aus der mit dem Zeichen betitelten Spalte das auf der gleichen Zeile mit T_1 stehende Säkularglied herausschreiben.

3. $T_1 - T_0$ bilden.

Zodiakaltafel II. Den der Zahl $T_1 - T_0$ zunächstliegenden Wert T_2 und die danebenstehenden Größen A_2 bis F_2 und t herausschreiben.

Summen bilden: $A = A_1 + A_2$ $D = D_1 + D_2$
$B = B_1 + B_2$ $E = E_1 + E_2$
$C = C_1 + C_2$ $F = F_1 + F_2$

Überschreiten die Summen 400, so wird 400 abgezogen.

4. Mit den Argumenten A, B, C, D, E, F aus den Tafeln mit den Überschriften Arg. A, Arg. B usw. sechs Korrektionen interpolieren; dabei sind diejenigen Spalten der Tafeln zu benutzen, die mit dem betr. Zeichen betitelt sind.

Das unter 2 berechnete Säkularglied mit t multiplizieren.

Die gesuchte Zeit des Eintrittes der Sonne in das Zeichen ist dann $T_1 + T_2 +$ den 6 Korrektionen $+ t \times$ säkulares Glied.

Das Resultat ergibt sich als julianischer Tag mit seinen Bruchteilen. Das Datum wird mit Hilfe der ersten Tafel des Werkes gefunden, der Tagesbruch mit Hilfe der Tafeln auf S. 368 des Werkes in Stunden und Minuten verwandelt.

Die gefundene Zeit ist in bürgerlicher Zeit Greenwich gerechnet.

Die Tafel beruht auf den Sonnenlängen nach Leverrier. Zur Berichtigung ist noch die Korrektion T_4 aus Tafel E 2 anzubringen.

III. Berechnung der Zeiten von Äquinoktien oder Solstitien nach den Planetentafeln von Schoch.

Schoch gibt auf S. 13 seiner Tafeln die Zeiten der Äquinoktien und Solstitien für Babylon an. Sie genügen für kurze Überschlagsrechnungen.

IV. Bemerkung zum Wintersolstitium.

Bei der Berechnung des Wintersolstitiums ist zu beachten, daß bei der Zeitrechnung nach julianischem Kalender das Datum sich um so weiter nach Januar hin verschiebt, je weiter man in das Altertum zurückgeht. Der Zeitunterschied zwischen zwei gleichartigen Solstitien beträgt 365.24 Tage. Wenn daher im Jahre x ein Wintersolstitium gerade noch auf die letzten Stunden des 31. Dez. fiel, so rückt es in dem folgenden Gemeinjahr auf die ersten Stunden des 32. Dez., also auf den 1. Jan. des übernächsten Jahres x + 2; in dem Jahre x + 1 findet überhaupt kein Wintersolstitium statt. Das Beispiel behandelt einen solchen Fall.

Welches Jahr kein Wintersolstitium besitzt, hängt außer von der korrekten Sonnenlänge auch davon ab, in welcher Ortszeit man rechnet. Würde man in dem Beispiel statt des Nullmeridians von Greenwich den alten von Ferro benutzen, so würde das Wintersolstitium $1^h\ 10^m$ früher liegen, also nur 2 Minuten nach Beginn des 1. Januar —1273.

Beispiel: Wintersolstitium 1275 v. Chr. = —1274.

Berechnung nach Taf. Chr. III.

Taf. 19 —1300: T_1 365.65 $D = 0.71$ 20 26: T_2 +0.30 21 T_3 + 2 Korr. Taf. E 2 T_4 —0.42 T = 365.55 = Dez. 31 $13^h\ 12$ astron. = —1273 Jan. 1 $1^h\ 12^m$ bürg. Z. Greenw.	Das vorhergehende Wintersolstitium fiel 365.24 Tage früher, also —1274 Jan. 0.31 = —1274 Jan. 0 $7^h\ 26^m$ astron. = —1275 Dez. 31 $19^h\ 26^m$ bürg. Z. Greenwich

Im Kalenderjahr —1274 trat also überhaupt kein Wintersolstitium ein.

Berechnung nach Schram, Kalendariogr. u. chronol. Tafeln.

Rechen-vorschrift	Tafel	Argument	Rechnung							
II 1			Näherungswert T_0 = —1274 Dez. 0 = 1256 063							
			T	A	B	C	D	E	F	
II 2	Zod. Taf. I		1218 475.4307	309	368	378	206	36	319	Säk. +4.63
II 3	Zod. Taf. II	$T_1 - T_0 = 37588$	37 619.9675	187	373	229	57	212	275	t 103
		Summen		96	341	207	263	248	194	
II 4		A = 96	94							
		B = 341	5							
		C = 207	42							
		D = 263	22							
		E = 248	9							
		F = 194	59							
		$t \times$ Säk.	+477							
		Summe	1256 095.4690 = (—1273 Jan. 1 $11^h\ 15^m$) unkorrigiert!							
II 5	E 2	T_4	—0.42							
		T	1256 095.05 = —1273 Jan. 1 $1^h\ 12^m$ bürg. Z. Greenwich.							

Vergleichung der Resultate:
Taf. Chr. III —1273 Jan. 1 $1^h\ 12^m$ bürg. Z. Greenw.
Schram $1^h\ 12^m$ unkorrigiert $11^h\ 15^m$

Largeteaus Tafeln geben $18^h\ 14^m$!

§ 16. Erscheinungen der täglichen Bewegung der Gestirne.

I 1. Berechnung der Sternzeit im mittleren Mittag ϑ_0.

Der mittlere Mittag ist der Anfang des astronomischen Tages; die Sternzeit ϑ_0 in diesem Augenblick ist der Ausgangspunkt für die Rechnung der Sternzeit.

Die Sternzeit im mittleren Mittag wird berechnet mit den Tafeln 4—6 in Taf. Chr. III mit Hinzufügung einer Korrektion aus der hier gegebenen Tafel E 2.

Taf. Chr. III Tafel	4	Arg.: Tag	ϑ_1
	5	Jahrhundert	ϑ_2
	6	Jahr im Jahrhundert	ϑ_3
	E 2	Jahreszahl	ϑ_4

Sternzeit im mittl. Mittag $\vartheta_0 = \vartheta_1 + \vartheta_2 + \vartheta_3 + \vartheta_4$.

I 2. Berechnung der Sternzeit ϑ für eine beliebige Tagesstunde.

Ist

ϑ_0 die Sternzeit im mittl. Mittag für den gegebenen Tag (vgl. I 1)

t die Tagesstunde (astronomisch)

K_1 eine mit dem Arg. t aus der nebenstehenden Tafel zu entnehmende Korrektion

Hilfstafel A

Stunde t	K_1
h — h	h
0.00 — 1.81	0.00
1.82 — 5.47	0.01
5.48 — 9.12	0.02
9.13 — 12.78	0.03
12.79 — 16.43	0.04
16.44 — 20.07	0.05
20.08 — 23.99	0.06

so ist die Sternzeit ϑ für die astronomisch von Mittag gezählte Stunde t:
Sternzeit $\vartheta = \vartheta_0 + t + K_1$

Zur Vermeidung von Fehlern ist stets in astronomischer Zeit zu rechnen!

Beispiel: Berechnung der Sternzeit für —307 Juli 1, 20 Uhr m. Z.
= Juli 2, 8 Uhr früh bürg. Z.

				h
Taf. Chr. III	Taf. 4	Juli 1	$\vartheta_1 =$	6.49
	Taf. 5	—400	$\vartheta_2 =$	—0.20
	Taf. 6	93	$\vartheta_3 =$	+0.03
	Taf. E 2		$\vartheta_4 =$	+0.01
			$\vartheta_0 =$	6.33
			$t =$	20.00
Hilfstafel A			$K_1 =$	0.05
	Sternzeit		$\vartheta = \vartheta_0 + t + K_1 =$	2.38 Uhr

I 3. Berechnung der mittl. (astron.) oder bürgerlichen Zeit für eine gegebene Sternzeit ϑ.

Hilfstafel B

$\vartheta - \vartheta_0$	K
h h	h
0.00 — 1.82	0.00
1.83 — 5.48	0.01
5.49 — 9.15	0.02
9.16 — 12.81	0.03
12.82 — 16.47	0.04
16.48 — 20.13	0.05
20.14 — 23.99	0.06

Für das Datum wird nach I 1 die Sternzeit ϑ_0 im mittl. Mittag berechnet.

ϑ_0 von der gegebenen Sternzeit ϑ abziehen; mit der Differenz $\vartheta - \vartheta_0$ als Argument aus der nebenstehenden Tafel die Korrektion K entnehmen.

Dann ist:

Mittlere Zeit (astron. von Mittag gezählt) $= \vartheta - \vartheta_0 - K$.

Daraus ergibt sich die bürgerliche Zeit durch Zulegen von 12 Stunden. Hierbei ist zu beachten, daß zur Vermeidung von Fehlern das Datum stets astronomisch (Tagesbeginn Mittag) zu zählen ist.

Beispiel: Berechnung der mittl. Zeit für —307 Juli 1 $14^h.35$ Sternzeit.

$$\begin{aligned} \vartheta &= 14^h.35 \\ \vartheta_0 &= 6.33 \quad \text{(vgl. Beispiel bei I 2)} \\ \vartheta - \vartheta_0 &= 8.02 \\ -K &= -0.02 \\ \text{Mittl. Zeit } t &= 8.00 \end{aligned}$$

—307 Juli 1 $14^h.35$ Sternzeit = Juli 1 $8^h.00$ m. Z. (astronomisch)
= Juli 1 $20^h.00$ bürg. Zeit.

II. Aufgang und Untergang der Sonne.

Die Aufgabe ist in Taf. Chr. III § 12 erschöpfend behandelt. Die Tafeln sind im Anhang zu Teil III bis 72 Grad Breite erweitert.

III. Meridiandurchgang der Sonne.

Die Zeit des Meridiandurchganges der Sonne ist die wahre Tagesmitte. Zeitangaben des Altertumes und des frühen Mittelalters beziehen sich immer auf die wahre Sonnenzeit.

Der Augenblick des wahren Mittags ergibt sich durch Abziehen der »Zeitgleichung« von 12 Uhr. Die Zeitgleichung ist der Unterschied »Mittl. Mittag minus wahrer Mittag«; sie wird nach Taf. Chr. III Tafel 7 berechnet.

IV. Bürgerliche und astronomische Dämmerung.

In Taf. Chr. III § 15 und 16 ausführlich behandelt. Die Tafeln sind im Anhang zu Teil III bis 72 Grad Breite fortgesetzt, wobei ein etwas verändertes Rechnungsverfahren angewendet ist.

In Tafel E 100 sind für die hohen Breiten 51 bis 80 Grad orientierende Angaben über die Grenzen der immerwährenden Dämmerung und der Zeit, in der die Sonne nicht aufgeht oder nicht untergeht, enthalten. In dieser Tafel ist die Refraktion berücksichtigt.

V. Aufgang und Untergang von Mond, Planeten oder Sternen.

In Taf. Chr. III § 10, 11, 13 ausführlich behandelt.

VI. Meridiandurchgang eines Sterns oder Planeten.

	Beispiel: Meridiandurchgang des Sirius —6 März 1.
1. Aus Taf. Chr. I bzw. II die Rektaszension α des Sterns bzw. Planeten berechnen.	$\alpha = 79.17^{\circ} = 5.28^{h}$
2. Nach Vorschr. I 1 für das gegebene Datum die Sternzeit ϑ_0 im mittl. Mittag berechnen.	$\vartheta_0 = 22.46$
Differenz $\alpha - \vartheta_0$ bilden und mit Arg. $\alpha - \vartheta_0$ aus der Hilfstafel B (S. 138) die Größe K entnehmen.	$\alpha - \vartheta_0 = 6.82$ $K = 0.02$
Dann ist die Ortszeit des Meridiandurchganges, gezählt von Mittag ab: $\alpha - \vartheta_0 - K$.	$\alpha - \vartheta_0 - K = 6.80^{h} = 6^{h}\ 48^{m}$ Ortszeit.

Wird $\alpha - \vartheta_0 - K$ größer als 12^h, so fällt der Durchgang auf den folgenden bürgerlichen Tag. Um die Zeit für den gewünschten vorhergehenden bürgerl. Tag zu erhalten, sind dann einfach 4 Minuten zuzulegen.

Die vorstehende Rechnung gilt für die obere Kulmination, die in dem südwärts vom Pol gelegenen Teil des Meridians erfolgt. Bei Zirkumpolarsternen ergibt sich die Zeit der zweiten, unteren Kulmination durch Zulegen oder Abziehen von $11^h\ 58^m$.

VII. Meridianhöhe eines Gestirns.

In der oberen Kulmination, die zwischen Pol und Südpunkt des Horizontes stattfindet, erreicht das Gestirn seine größte Höhe über dem Horizont.

Zirkumpolarsterne gehen zweimal durch den Meridian; sie erreichen in der oberen Kulmination ihre größte Höhe, in der unteren ihre kleinste Höhe über dem Horizont.

Die Zenitdistanz in oberer Kulmination ist

$z = \delta - \varphi$ (φ = geogr. Breite, δ = Dekl. des Sterns).

z negativ: Kulmination südlich vom Zenit

z positiv: Kulmination nördlich vom Zenit.

Daraus ergibt sich die Meridianhöhe, indem z ohne Rücksicht auf sein Vorzeichen von 90 Grad abgezogen wird.

Die Meridianhöhe in unterer Kulmination ist:

$$\varphi + \delta - 90^\circ$$

Beispiel: Für Jerusalem, $\varphi = 31.8$, ist im Jahre —6:

	δ	$\delta - \varphi$	Höhe
Canopus	$\delta = -52.6^\circ$	$\delta - \varphi = -84.4^\circ$	5.6° im Süden
Sirius	$= -16.0$	$= -47.8$	42.2 im Süden
Castor	$= +33.3$	$= +1.5$	88.5 nördl. v. Zenit
Pollux	$= +30.1$	$= -1.7$	88.3 südl. v. Zenit

VIII. Azimut und Höhe eines Gestirns für einen beliebigen Stundenwinkel.

Die Aufgabe ist in Taf. Chr. III § 17 vollständig behandelt. Die Tafeln sind in dem Anhang zu Teil III bis 72 Grad Breite fortgesetzt.

IX. Azimut des Aufganges oder Unterganges eines Gestirns.

Die Aufgabe ist in Taf. Chr. III § 18 und 19 behandelt; die zugehörigen Tafeln sind in dem Anhang zu Teil III bis 72 Grad Breite fortgesetzt. Ergänzend ist folgendes nachzutragen:

$W_1 + W_2$ ist das Azimut des Aufganges oder Unterganges des oberen Randes der Sonne, $W_1 + W_3$ das nämliche für oberen Rand des Mondes und für Sterne oder Planeten.

Soll bei Sonne und Mond das Azimut des Aufganges oder Unterganges für den Augenblick berechnet werden, in dem der untere Rand den Horizont berührt, so ist aus der folgenden Tafel mit dem vertikalen Arg. Dekl. δ

δ	φ 20°	24°	28°	32°	36°	40°	44°	48°	52°	56°	60°
0°	0.2°	0.2°	0.3°	0.3°	0.4°	0.4°	0.5°	0.5°	0.6°	0.7°	0.9°
4	0.2	0.2	0.3	0.3	0.4	0.4	0.5	0.5	0.6	0.7	0.9
8	0.2	0.2	0.3	0.3	0.4	0.4	0.5	0.5	0.6	0.8	0.9
12	0.2	0.2	0.3	0.3	0.4	0.4	0.5	0.5	0.6	0.8	0.9
16	0.2	0.2	0.3	0.3	0.4	0.4	0.5	0.6	0.7	0.8	1.0
20	0.2	0.2	0.3	0.3	0.4	0.4	0.5	0.6	0.8	0.9	1.2
24	0.2	0.2	0.3	0.3	0.4	0.5	0.6	0.7	0.9	1.1	1.5
28	0.2	0.2	0.3	0.3	0.4	0.5	0.6	0.8	1.0	1.4	2.5

und dem horizontalen Arg. geogr. Breite φ eine Korrektion zu entnehmen, die von den berechneten Azimuten abzuziehen ist.

Die Frage der »Orientation«.

Nach der von Nissen in »Orientation« (Berlin 1906) aufgestellten Hypothese sind alte Bauwerke, die Kultzwecken dienten, nach den Punkten des Aufganges oder Unterganges auffallender Gestirne orientiert.

Die Nissensche Hypothese, deren Bedeutung Ginzel in Handbuch d. Chronologie II 189 ff. ausdrücklich betont, wird von der Archäologie bestritten; eine unbefangene Prüfung der Frage wäre richtiger, weil im Falle des Zutreffens die Orientation einen viel zuverlässigeren Anhalt für die Zeit bietet, als die auf Vermutungen beruhenden Schätzungen. Auf S. 143 werden einige Tatsachen mitgeteilt, die für den Wert der Hypothese sprechen und ihre bedingungslose Verwerfung zum mindesten ungerechtfertigt erscheinen lassen.

Bei der Hypothese der Orientation sind zwei Bedingungen zu beachten:

1. Es sind nur auffällige helle Gestirne zu verwenden.
2. Die verwendeten Gestirne müssen durch irgendwelche mythologischen Beziehungen ausgezeichnet sein oder allgemein eine besondere Bedeutung besitzen.

Die letztere Bedingung setzt voraus, daß die Anschauungen des antiken Sternglaubens bekannt sind. Eine dritte ebenfalls notwendige Bedingung wird im Laufe des Folgenden sich ergeben.

Bei der Nachprüfung eines beobachteten Azimutes ist zu bedenken, daß die nach Taf. Chr. III berechneten Azimute sich auf den ebenen Horizont beziehen, während der lokale Horizont des Beobachters im allgemeinen nicht eben sein wird. Es gilt also, die Überhöhung des Horizontes zu berücksichtigen.

Die Erhebung des Horizontes wird am besten durch Messung an Ort und Stelle bestimmt. Liegen genaue Karten mit Höhenmarken vor, so kann der Erhebungswinkel h auch aus der Karte abgeleitet werden.

Sei E die Entfernung des Ortes von der Erhebung im Horizont, H die Höhendifferenz zwischen dem Ort und der Erhebung im Horizont, beide in gleichem Maß ausgedrückt, so ist der Erhebungswinkel h

$$\operatorname{tg} h = \frac{H}{E}.$$

h wird, wenn der Horizont tiefer liegt, negativ.

Ist dann weiter

A_0 das am Bauwerk gemessene Azimut

φ die geographische Breite des Ortes,

so ist zu rechnen (höchstens vierstellig):

$$x = h \cdot \frac{\operatorname{tg} \varphi}{\sin A_0} \qquad y = h \frac{\operatorname{tg} \varphi}{\sin (A_0 + x)}$$

$$A = A_0 + \tfrac{1}{2} (x + y).$$

A ist das auf den ebenen Horizont bezogene Azimut, das nun direkt mit dem aus den Tafeln berechneten verglichen werden kann.

Die weitere Rechnung wird also darin bestehen, nach Taf. Chr. III für die in Betracht kommenden Gestirne eine Reihe von Azimuten zu rechnen, etwa von 200 zu 200 Jahren, und zu prüfen, für welche Zeit das berechnete Azimut dem gegebenen Azimut gleich wird.

Beispiel: Kann ein Azimut $A = 22\overset{\circ}{.}5$, gemessen an einem Bau unter 31 Grad Breite, sich auf Canopus beziehen und für welche Zeit ist das der Fall?

Aus den Sterntafeln in Teil I der Taf. Chr. werden die Deklinationen von Canopus entnommen und nach Taf. Chr. III § 19 die Azimute berechnet:

—1000	$\delta = -53\overset{\circ}{.}36$	Azimut $21\overset{\circ}{.}9$	
— 800	—53.17	22.2	
— 600	—53.00	22.5	Das beobachtete Azimut $22\overset{\circ}{.}5$
— 400	—52.85	22.8	paßt auf —600.
— 200	—52.72	23.0	
0	—52.61	23.2	

Bei der Beurteilung der Zuverlässigkeit des Resultates ist zweierlei zu beachten. Erstens ist das beobachtete Azimut wahrscheinlich nicht ganz genau. Zweitens ändern sich die berechneten Azimute nur sehr langsam, und wenn man bedenkt, daß 1 Grad gleich 2 Monddurchmessern ist, so wird man vorsichtig sagen müssen, daß sich auf diese Weise niemals das genaue Jahr, sondern nur die Zeitepoche bestimmen läßt; die Antwort auf die Frage des Beispiels wird daher lauten müssen, daß der Bau in die Zeit um —600 fällt, mit einer Unsicherheit von mindestens 100 Jahren nach beiden Seiten.

Es kann dabei auch vorkommen, daß das Azimut eines Sterns mehrere Jahrhunderte hindurch konstant bleibt, z. B. bei Procyon in der Zeit —500 bis +300. Dann läßt sich überhaupt nichts sagen. Damit kommen wir zu der dritten Bedingung, die oben angedeutet wurde: Das Azimut des Gestirns muß sich mit der Zeit merklich ändern, wenn eine Bestimmung der Zeit möglich sein soll.

Aus allem geht hervor, daß bei der Datierung nach der Hypothese der Orientation sehr vorsichtig verfahren werden muß. Insbesondere werden alle Datierungen, die auf Azimuten der Sonne zur Zeit der Sonnenwende aufgebaut sind, ganz unsicher sein (z. B. Lockyers Datierung von Stonehenge). Die Azimute des Aufganges oder Unterganges der Sonne zur Zeit der Sonnenwende ändern sich so langsam, daß eine Unsicherheit von wenigen Zehntel Grad bereits zeitliche Verschiebungen von 1000 Jahren und mehr bewirkt. Etwas anderes ist die Frage, ob bei Stonehenge überhaupt eine Orientation nach der Sonne vorliegt; aller Wahrscheinlichkeit nach ist die Orientation nach der Sonne zu bejahen, nur ist es nicht möglich, die Zeitepoche abzuleiten.

Die Orientation altchristlicher Kirchen.

Auf eine verwandte Art, den Gedanken der astronomischen Orientierung chronologisch zu verwerten, macht C. V. L. Charlier in Vierteljahrsschrift der Astronomischen Gesellschaft Band 37 (Über die Orientierung altchristlicher Kirchen) aufmerksam, und zwar ebenfalls in Anlehnung an Nissen.

Die starken Abweichungen der Achsen mittelalterlicher Kirchen von der Ost-Westrichtung legen den Gedanken nahe, daß die Kirchenachsen nach dem Aufgangs- oder Untergangspunkt der Sonne am Gedächtnistage des Schutzheiligen orientiert sind.

Der Gedankengang der chronologischen Auswertung dieser Hypothese ist folgender: Bei der Erbauung der Kirche wurde das Datum im julianischen Kalender mehr oder weniger falsch gezählt; um den Betrag dieses Fehlers unterscheidet sich der Tag, an dem heute der Auf- oder Untergang im Azimut der Kirchenachse erfolgt, von dem Tage des Schutzheiligen im greg. Kalender.

Die sehr einfache Rechnung ist daher:

A = Azimut der Kirchenachse

t_1 = Datum des Sonnenaufgangs (oder Untergangs) im Azimut der Kirchenachse in der Jetztzeit

t_2 = Kalendertag des Schutzheiligen

$t_1 - t_2$ = Fehler des julianischen Kalenders zur Zeit der Erbauung der Kirche.

Die zu $t_1 - t_2$ gehörende Zeit ergibt sich aus folgender kleinen Tafel:

Fehler des jul. Kal.	Zeit	Fehler des jul. Kal.	Zeit
0 Tage	200— 300		
1	300— 500	6 Tage	1000—1100
2	500— 600	7	1100—1300
3	600— 700	8	1300—1400
4	700— 900	9	1400—1500
5	900—1000	10	1500—1700

Charlier gibt (in etwas weniger einfacher Berechnungsweise) folgendes Beispiel: Dom von Lund, Erbauungsjahr 1143, Schutzheiliger Laurentius.

A = $114{}^\circ\!.3$

t_1 = Aug. 17

t_2 = Aug. 10 (Laurentius)

Fehler des jul. Kalenders also $t_1 - t_2 = 7$; Erbauung zwischen 1100 und 1300.

Charliers Rechnung ist geeignet, den Unkundigen irrezuführen. Durch sein zufällig glücklich gelegtes Ausgangsdatum 1900 erhält er das sehr gut stimmende Jahr 1132. Man kann aber ebensogut von 1950 ausgehen und würde dann auf 1182 kommen. Die hier gewählte Rechnungsweise läßt erkennen, daß man auf diese Weise niemals das genaue Jahr, sondern nur das Jahrhundert festlegen kann.

Eine andere historisch wertvolle Folgerung wird von Charlier ebenfalls behandelt. Wenn das Jahr der Erbauung bekannt ist, so läßt sich aus der Lage der Kirchenachse der Schutzheilige ermitteln. Die Rechnung erfolgt jetzt umgekehrt:

$t_1 - t_2$ = Fehler des jul. Kalenders zur Zeit der Erbauung (siehe die Tafel S. 143)

t_1 = Datum, an dem heute die Sonne im Azimut der Kirchenachse aufgeht oder untergeht

$t_1 - (t_1 - t_2)$ = Tag des Schutzheiligen im greg. Kalender.

Nach dem vorigen Beispiel des Domes von Lund haben wir:

Gründung 1143; Fehler des jul. Kalenders 7 Tage.

$t_1 - t_2 = 7$

t_1 = Aug. 17; an diesem Tage geht heute die Sonne im Azimut der Kirchenachse unter.

$t_1 - (t_1 - t_2)$ = Aug. 10, Schutzheiliger daher Laurentius.

Daß es sich hier um keine bloße Spielerei handelt, zeigt Charlier an dem Beispiel einer Kirche in Upsala. Bei dieser Kirche ist das Azimut der Achse größer als 90 Grad[1]) und führt auf den 8. September (Mariä Geburt); das ist aber unvereinbar mit den Gedächtnistagen der Schutzheiligen, so daß hier keine Orientation vorzuliegen scheint. Die Nachforschung in den alten Urkunden ergab nun das überraschende Resultat, daß tatsächlich Maria die ursprüngliche Schutzheilige war und erst später durch andere Heilige abgelöst wurde.

Hier ist zu beachten, daß jedem Azimut zwei Tage entsprechen, daß also bei unbekannten Heiligen immer zwei Tage zu untersuchen sind. Die Aussicht auf Erfolg wird am größten sein, wenn das Azimut der Sonne sich stark ändert; man wird daher sehr vorsichtig sein müssen, wenn sich Tage im Juni oder Dezember ergeben. Zur Zeit der Solstitien wird die Änderung im Azimut ganz klein und jedes Resultat zweifelhaft.

Bedenken gegen astronomische Orientation.

Nachdem im Vorangegangenen Argumente für die Orientation vorgebracht worden sind, ist es erforderlich, auch auf die Gründe einzugehen, welche gegen die Orientation sprechen.

Ein astronomischer Grund gegen die Orientation nach den Aufgangspunkten von Sternen ist die Extinktion. Es ist wohl möglich, Sonne, Mond und Planeten beim Erscheinen im Horizont zu erblicken, aber nicht mehr Sterne mit Ausnahme von Sirius und Canopus. Infolge der Extinktion des Lichtes in der Atmosphäre werden nämlich sichtbar

[1]) Charlier unterscheidet zwischen »Sommerheiligen«, deren Feste in das Frühjahr und den Sommer fallen und zwischen »Winterheiligen«, deren Feste in Herbst oder Winter liegen. Bei den ersteren sind die Azimute größer als 90 Grad, bei den letzteren kleiner als 90 Grad.

Sirius, Canopus	im scheinbaren Horizont
Wega	in 0.4 Grad Höhe (scheinbar)
Rigel, Capella, Arktur	„ 0.5 „ „
Procyon	„ 0.7 „ „
Beteigeuze, Atair	„ 0.9 „ „
Aldebaran	„ 1.1 „ „
Antares, Spica, Pollux	„ 1.2 „ „
Regulus, Fomalhaut	„ 1.3 „ „

Das Erscheinen oder Verschwinden des Sterns wird also auf der Nordhalbkugel der Erde in einem zu kleinen Azimut beobachtet, folglich:

Ist die Deklinationsänderung des Sternes mit der Zeit $\begin{matrix}\text{positiv,}\\ \text{negativ}\end{matrix}$

so ist die berechnete Zeit der Orientation zu $\begin{matrix}\text{früh}\\ \text{spät}\end{matrix}$.

Ist die Breite des Ortes kleiner als 45 Grad, so ist der Fehler im Azimut im allgemeinen kleiner als der Fehler in Höhe, bei höheren Breiten dagegen größer. Wird ferner die weitere, oben schon behandelte Bedingung beachtet, daß einigermaßen brauchbare Datierung nur dann möglich wird, wenn die Deklinationsänderung des Sterns beträchtlich ist, dann bedeutet ein Fehler von 1 Grad im Azimut einen Fehler in Zeit von 100—200 Jahren, dessen Sinn sich nach der obigen Regel beurteilen läßt.

Alle diese Bedenken gelten für den Horizont im Inneren des Landes; bei freiem Meereshorizont liegen die Verhältnisse etwas günstiger. Ist ferner der Horizont nicht eben, sondern durch Hügel in geringer Entfernung gestört, so erscheinen die Sterne erst in Höhen von mehr als 3—4 Grad und in Helligkeit viel weniger geschwächt, so daß die wegen Extinktion bestehenden Bedenken fortfallen.

Ein weiteres Argument gegen die astronomische Orientation bringt E. Unger in Forschungen und Fortschritte **4**, 343 (Berlin 1928) vor. Die Orientation der Städte Babyloniens ist nicht astronomisch; die neue, sehr plausible Erklärung geht dahin, daß die Hauptwindrichtungen für die Anlage maßgebend waren. Es bedeutet nämlich

iltânu (bisher Nord) = im-si-di = günstiger Wind = Nordwest
šadû (bisher Ost) = im-kur-rū = Wind des Gebirges = Nordost
šûtu (bisher Süd) = im-gal-lu = Wolkenwind = Südost
amurru (bisher West) = im-mar-tu = Sturmwind = Südwest.

Aus alledem darf gefolgert werden, daß die Frage der Orientation einer ernsthaften Nachprüfung durch sachliches Eingehen auf die dafür und dawider sprechenden Gründe bedarf; mit einfachem Behaupten oder apodiktischem Ablehnen ist nichts getan. Stellt sich die Hypothese der Orientation als richtig heraus, so wird sie eine wichtige Stütze archäologischer Forschung werden.

X. Die drehbare Sternkarte.

Die Mehrzahl der Aufgaben, die sich auf Sterne beziehen, lassen sich mit Hilfe einer drehbaren Sternkarte leichter beantworten, indem man aus der Karte bereits einen Anhalt für die Lösung erhält und damit gegebenenfalls die Versuchsrechnungen auf ein geringeres Maß beschränken kann.

Die Zentralprojektion, in der die Karte gezeichnet werden muß, bringt es mit sich, daß der Südhimmel stark verzeichnet wird. Diese Verzeichnung ist bereits auf den bekannten käuflichen Karten, die für 50 Grad Breite hergestellt sind, deutlich erkennbar; sie wird noch bedeutend stärker, wenn man die Karte für einen südlicher gelegenen Ort zeichnet. Bestenfalls kann man bis 20 Grad Breite gehen, muß dann aber schon mit sehr großer Verzeichnung rechnen, die den Gebrauch der Karte etwas unsicher macht. Zwischen dem Äquator und 20 Grad Breite ist eine drehbare Karte nicht mehr möglich.

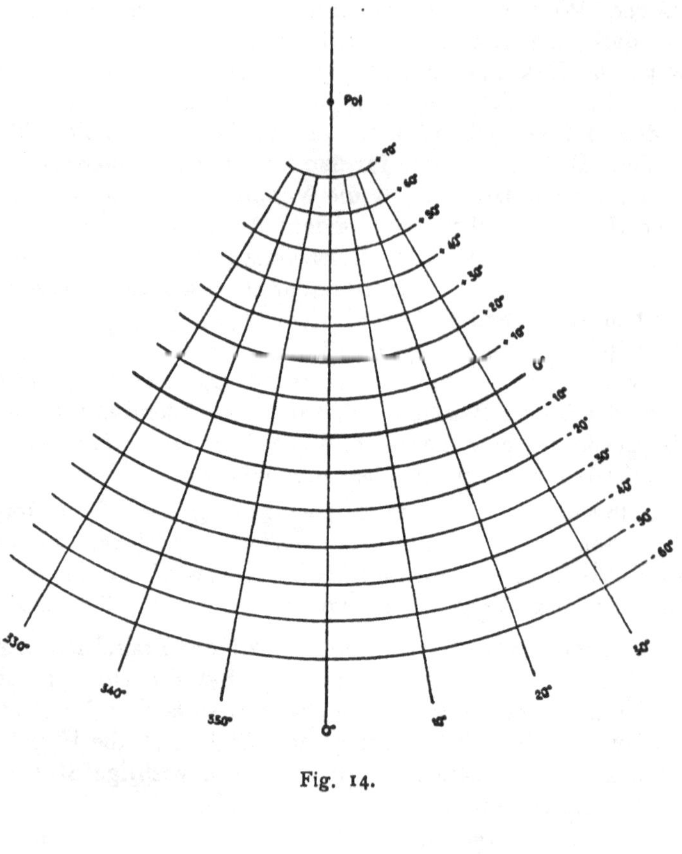

Fig. 14.

Das Zeichnen des Gradnetzes und der Sternkarte.

Zuerst wird das Gradnetz gezeichnet, wozu ein Blatt starken Zeichenkartons zu verwenden ist. Der Arbeitsvorgang ist nach der Figur 14 leicht verständlich. Der Nordpol wird in die Mitte des Blattes gelegt. Mit Hilfe eines Transporteurs werden von 10 zu 10 Grad die Meridiane als Strahlen durch den Pol gezeichnet. Die Deklinationskreise sind konzentrische Kreise um den Pol mit Radien, die von 10 zu 10 Millimeter fortschreiten, so daß einem Grad in Deklination ein Millimeter auf der Karte entspricht. Nach Süden muß das Netz so weit ausgedehnt werden, daß es noch Sterne des Südhimmels von der Deklination

Geographische Breite minus 90 Grad

aufnimmt. Die Karte wird also für Orte in kleinen Breiten sehr groß. Die Figur stellt einen Teil des Netzes dar, wie es für einen Ort von der Breite 30 Grad erforderlich ist.

Für das gegebene Jahr werden die Örter der Sterne aus Taf. Chr. I entnommen, und zwar ohne Interpolation für das nächste runde Jahrhundert. Es genügt, die Sterne bis etwa zur Größe 2.5 einzuzeichnen; schwächere Sterne werden seltener gebraucht und nach Bedarf nachgetragen.

Zuletzt werden an die Meridiane, die etwas länger als erforderlich gezogen werden, die Daten der Jahrestage angeschrieben. Diese Tage sind von 500 zu 500 Jahren in der Tafel E 66 angegeben; es reicht vollständig aus, die Tage aus der Spalte zu entnehmen, deren Jahr der gegebenen Zeit zunächst liegt.

Der Horizontausschnitt.

Der Arbeitsvorgang wird durch die Figur 15 erläutert; sie enthält die Konstruktion des Horizontausschnittes für die beiden Breiten 30 und 60 Grad.

Auf das fertig gezeichnete Netz wird ein Blatt Pausleinwand gelegt. Ein Meridian wird als Nord-Süd-Richtung gewählt und mit Nr. 0 bezeichnet, die folgenden nach rechts und links mit Nr. 1, 2 usw. Auf ihnen werden nun die Zahlen, die in den einzelnen Spalten der Tafel E 65 für die geographische Breite des Ortes angegeben sind, vom Pol aus in Millimetern abgetragen. Die auf diese Weise gefundenen Punkte verbindet man durch eine glatte Kurve, die mit Farbe ausgezogen wird. Besonders markiert werden die Punkte für Nord, Süd, Ost und West.

Hierbei ist folgendes zu beachten: Laufen auf der Sternkarte die Rektaszensionen gegen den Uhrzeiger, so liegt auf dem Horizontausschnitt Osten rechts, Westen links (bei Nord oben, Süd unten).

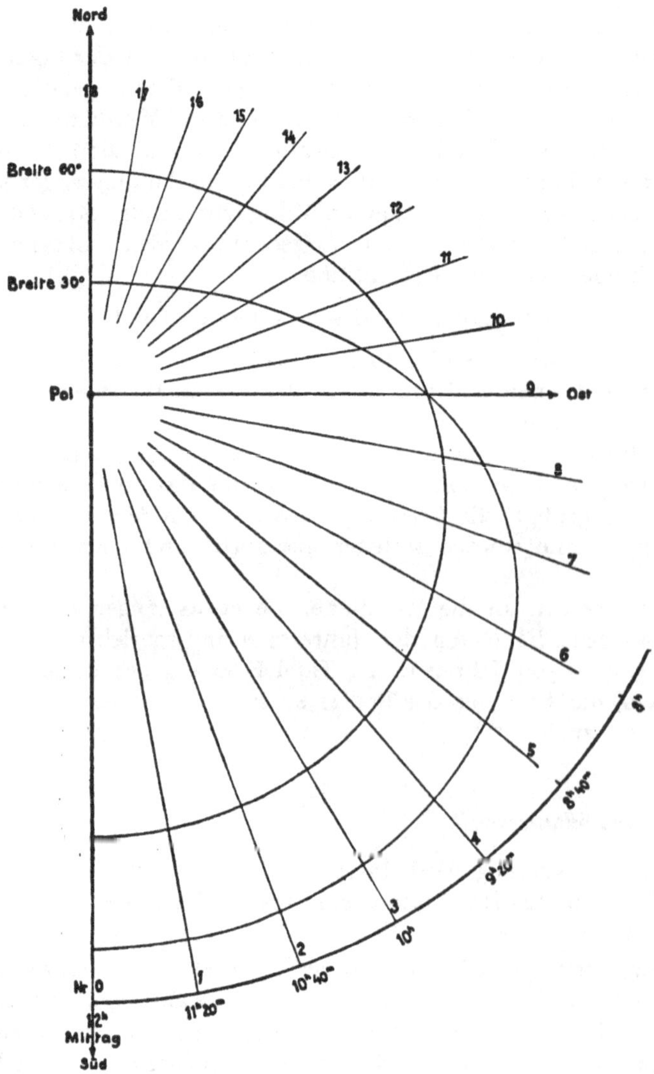

Fig. 15.

Weiter schlägt man um den Pol einen Kreis, dessen Radius etwas größer ist als der größte Abstand Pol-Horizont und bezeichnet die Schnittpunkte dieses Kreises mit den Meridianen folgendermaßen mit den Tagesstunden: Der Südpunkt erhält 12 Uhr mittags; jeder weitere Meridian nach Ost hin erhält eine um immer um 40 Minuten kleinere Zeit, also

$$11^h\,20^m,\ 10^h\,40^m,\ 10^h,\ 9^h\,20^m,\ 8^h\,40^m,\ 8^h \text{ usw.}$$

Nach West hin wachsen die Zeiten jedesmal um 40 Minuten an, so daß schließlich der Nordpunkt 12 Uhr Mitternacht erhält. Ihrem Sinn nach laufen die Stunden also umgekehrt wie die Rektaszensionen der Sternkarte.

Endlich wird auf der Pause der Nordpol markiert. Die Pause ist dann stets so auf die Karte zu legen, daß Pol mit Pol sich deckt.

Aus praktischen Gründen ist es zuweilen besser, die Pause auf einen zweiten Zeichenkarton zu übertragen und den Horizontausschnitt sauber auszuschneiden. Dabei wird am Nordhorizont, der doch nie gebraucht wird, eine genügend breite Zunge stehen gelassen, die über den Nordpol ein wenig hinwegreicht. Man markiert auf ihr den Nordpol und heftet ihn mit einer Reißnadel auf den Nordpol der Karte, die nun richtig orientiert ist.

§ 17. Jährliche Aufgänge und Untergänge der Sterne.

I. Definitionen.

Unter den Begriff »Jährliche Aufgänge und Untergänge« fallen folgende Erscheinungen:

1. Wahrer kosmischer Aufgang: Stern geht bei Sonnenaufgang auf.
2. Wahrer kosmischer Untergang: Stern geht bei Sonnenaufgang unter.
3. Wahrer akronychischer Aufgang: Stern geht bei Sonnenuntergang auf.
4. Wahrer akronychischer Untergang: Stern geht bei Sonnenuntergang unter.

Diese Erscheinungen lassen sich nicht beobachten. Dagegen sind folgende wahrnehmbar:

5. Heliakischer Aufgang: erster sichtbarer Aufgang in der Morgendämmerung.
6. Heliakischer Untergang: letzter sichtbarer Untergang in der Abenddämmerung.
7. Scheinbarer akronychischer Aufgang: letzter sichtbarer Aufgang in der Abenddämmerung.
8. Scheinbarer kosmischer Untergang: erster sichtbarer Untergang in der Morgendämmerung.

Für diese Erscheinungen werden folgende Bezeichnungen gebraucht:

	Heliakischer Aufgang	Heliakischer Untergang	Scheinb.akron. Aufgang	Scheinb. kosm. Untergang
Altertum, nach Ginzel, Handb. Bd. I.	ἐπιτολὴ ἑῴα φαινομένη	δύσις ἑσπερία φαινομένη	ἐπιτολὴ ἑσπερία φαινομένη	δύσις ἑῴα φαινομένη
Laska, Formeln (1888—1894)	ἑῴα προανατολή φαινομένη	ἑσπερία ἐπι-κατάδυσις φαινο-μένη	ἑσπερία ἐπανα-τολή φαινομένη	ἑῴα πρόδυσις φαινομένη
Ideler	Frühaufgang	Spätuntergang	Spätaufgang	Frühuntergang
Schoch	mfirst Mgerst	elast Aletzt		

Nach Ginzel wird ἀνατολή für tägliche Aufgänge gebraucht, ἐπιτολή für jährliche.

Der Verlauf der Erscheinungen läßt sich am besten an einem Beispiel verfolgen, wie es in dem Diagramm Fig. 16 für Sirius, gültig für die Jetztzeit und 50 Grad Breite, gegeben ist. Oben steht die Tagesstunde (0 Uhr gleich Mitternacht), an der Seite der Tag. Die Kurve links stellt die Zeiten des Sonnenunterganges, die Kurve rechts die des Sonnenaufganges dar; der Raum zwischen beiden ist die Nachtzeit. Die geraden Linien entsprechen den Zeiten von Aufgang und Untergang des Sirius.

Am 9. Aug. geht Sirius gleichzeitig mit der Sonne auf und bleibt vorläufig noch unsichtbar. Erst am 22. Aug. geht er so viel früher als die Sonne auf, daß er in der Morgendämmerung zum erstenmal gesehen werden kann (heliakischer Aufgang).

Immer weiter von der Sonne sich entfernend, ist Sirius zunächst in den letzten Nachtstunden im Osten sichtbar. Ende September geht er schon so zeitig auf, daß er bei Sonnenaufgang im Meridian steht.

Am 20. Nov. ist Sirius von 10 Uhr abends an sichtbar und geht bei Aufgang der Sonne unter (wahrer kosmischer Untergang). Der Untergang kann aber erst am 4. Dez. in der Morgendämmerung gesehen werden (scheinbarer kosmischer Untergang).

Ende Dez. steht Sirius um Mitternacht im Meridian; damit beginnt der zweite Teil seiner Sichtbarkeitsperiode. Er geht immer früher am Abend auf und der letzte sichtbare Aufgang in der Abenddämmerung erfolgt am 25. Januar (scheinbarer akronychischer Aufgang). Am 2. Febr. geht er genau bei Sonnenuntergang auf (wahrer akronychischer Aufgang).

Mitte März steht Sirius in der Abenddämmerung im Meridian und geht gegen Mitternacht unter. Ende April ist er nur noch in der Abenddämmerung sichtbar und der letzte sichtbare Untergang findet am 4. Mai statt (heliakischer Untergang), womit seine Sichtbarkeitsperiode abschließt. Am 16. Mai geht er gleichzeitig mit der Sonne unter und bleibt bis zum 22. August unsichtbar.

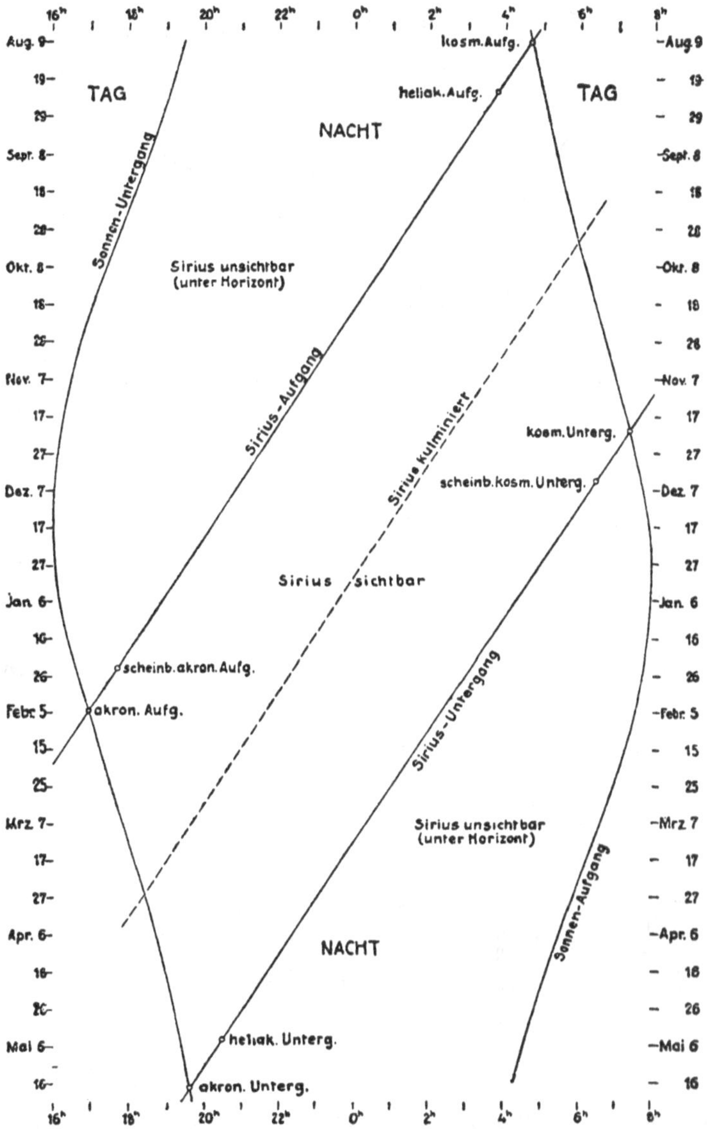

Fig. 16.

Das Bild der Erscheinungen wird etwas weniger übersichtlich, wenn es sich um einen Stern handelt, der große nördliche Deklination besitzt und einen großen Bogen am Himmel beschreibt. Dieser Fall ist in dem

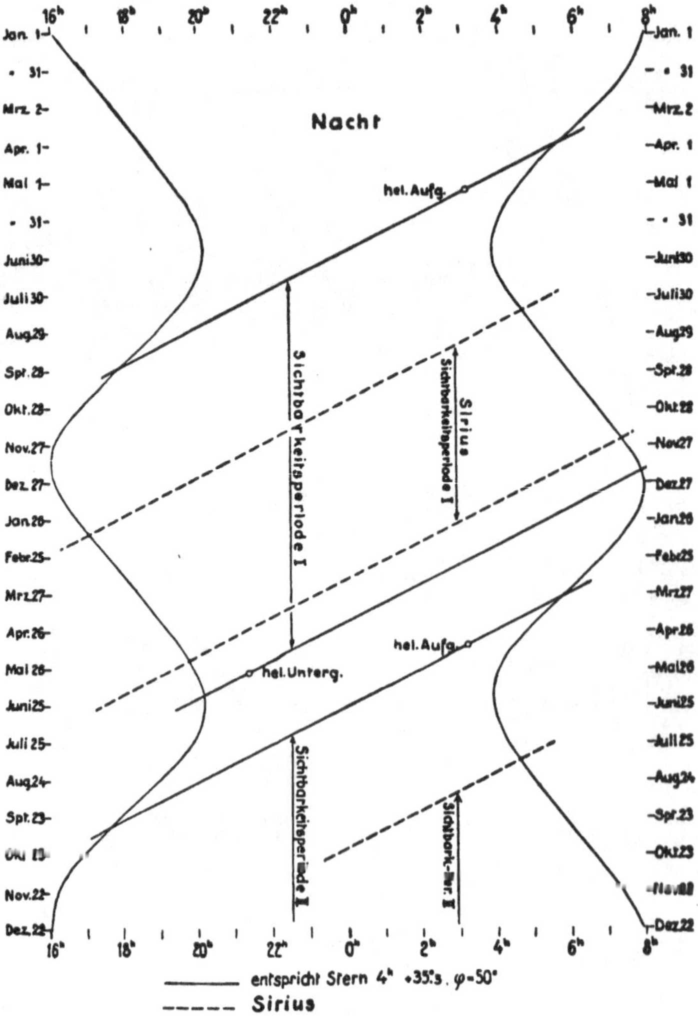

Fig. 17.

zweiten Diagramm Fig. 17 dargestellt, das einem Stern von $\alpha = 60^\circ$, $\delta = +35^\circ\!.5$ für 50 Grad Breite entspricht. Der heliakische Aufgang findet Anfang Mai statt, der heliakische Untergang Ende Mai des nächsten Jahres. Infolgedessen liegt der heliakische Aufgang, der die folgende Sichtbarkeitsperiode einleitet, vor dem heliakischen Untergang, der die vorhergehende Sichtbarkeitsperiode abschließt. Sterne dieser Art bilden den Übergang zu den Zirkumpolarsternen, die ständig sichtbar sind.

Der zuletzt behandelte Fall entspricht einem besonderen Falle der Sichtbarkeit der Venus. Wenn bei unterer Konjunktion Venus eine große nördliche Breite hat, so ist Venus gleichzeitig am Abend als Abendstern und am Morgen als Morgenstern sichtbar.

II. Der Sehungsbogen.

Die Aufgänge und Untergänge eines Gestirns können in der Dämmerung nur dann gesehen werden, wenn die Helligkeit der Dämmerung bis zu einem gewissen Grad abgenommen hat, d. h. wenn die Sonne eine gewisse Höhe unter dem Horizont erreicht hat. Die für die Sichtbarkeit erforderliche Mindesthöhe der Sonne unter dem Horizont wird Sehungsbogen genannt und folgendermaßen definiert:

> Der Sehungsbogen β ist die Höhe der Sonne unter dem wahren (nicht für Refraktion korrigierten) Horizont in dem Augenblick, in dem der Stern in diesem wahren Horizont steht.

Der Sehungsbogen (arcus visionis) wird mit β bezeichnet; Schoch nennt ihn γ[1]).

Die Größe des Sehungsbogens hängt von folgenden Faktoren ab:

1. Größe des Sternes; je heller ein Stern ist, um so kleiner ist sein Sehungsbogen.
2. Von der Lage des Aufgangs- oder Untergangspunktes des Sterns im Horizont, d. h. von der Azimutdifferenz Sonne-Stern. Der Dämmerungsbogen ist im Azimut der Sonne am hellsten; ein dort befindlicher Stern wird also schwerer zu sehen sein, als ein gleich heller Stern, der weiter nach Norden oder nach Süden hin auf- oder untergeht. Die von Schoch dafür aufgestellten allgemeinen Formeln sind in Tafel E 64 gegeben; Δ ist die Azimutdifferenz Sonne-Stern für Stern im Horizont (ohne Refraktion).
3. Von den klimatischen Bedingungen des Beobachtungsortes. Die geringste, dem Auge kaum sichtbare Trübung am Horizont ist auf die Sichtbarkeit des Sterns von Einfluß. Aus diesem Grunde wird man auch vorsichtig sein müssen, Werte des Sehungsbogens von einem Ort auf andere Orte zu verallgemeinern.

---

[1]) Die Einführung einer neuen Bezeichnung an Stelle einer längst eingebürgerten sollte nur erfolgen, wenn wirklich zwingende Gründe dafür vorliegen. Daß die Bezeichnung β für den Sehungsbogen mit der gleichen Bezeichnung für die Breite kollidiert, ist aber kein zwingender Grund, denn bei der Berechnung jährlicher Auf- und Untergänge kommt nirgends die Breite β vor. Mit dem gleichen Recht müßte hier die Bezeichnung γ abgelehnt werden, weil γ auch bei Finsternissen gebraucht wird. Solche Experimente stiften nur Verwirrung.

Ob weiter die Ersetzung der bekannten Ausdrücke »heliakischer Aufgang und Untergang« durch die Schochsche Bezeichnung (vgl. S. 150) notwendig ist, bleibe dahingestellt; auch Idelers Bezeichnungen haben sich nicht eingebürgert.

Die Unsicherheit des Sehungsbogens kennzeichnet Wislicenus in seiner Astronomischen Chronologie S. 42 mit folgenden Worten:

> Aber selbst wenn man unter strenger Einhaltung dieser Bedingung (günstige Stellung des Beobachters) an verschiedenen Orten, die aber alle die gleiche geographische Breite hätten, das Eintreten einer der ... Erscheinungen durch direkte Beobachtung bestimmen lassen wollte, so würde man wahrscheinlich so viel Werte dafür erhalten, als Beobachter aufgestellt waren, da einmal die Durchsichtigkeit der Luft an den verschiedenen Stationen nicht die gleiche gewesen wäre, andererseits auch die Augen der Beobachter nicht die nämliche Schärfe gehabt hätten, so daß z. B. ein Beobachter, der durch große Klarheit der Luft und Schärfe der Augen begünstigt war, den heliakischen Aufgang einen bis zwei Tage früher notiert hätte, als einer, dem diese Vorteile nicht zur Verfügung standen.

Die von K. Schoch in seinen Planetentafeln angegebenen Werte der Sehungsbogen entstammen seiner Schrift »The arcus visionis in the babylonian observations« Oxford 1924. Sie gelten für Babylon und dürfen nach dem Vorstehenden nicht unbedingt auf andere Orte übertragen werden. Wenn Schoch auch eigene Beobachtungen des Sirius als Beweis für die Richtigkeit seines Sehungsbogens anführt, so ist dagegen zu bemerken, daß einzelne Treffer eines einzelnen Beobachters Zufallstreffer sein können, die weiter nichts beweisen, als daß in Deutschland unter zufällig günstigen Bedingungen die Sichtbarkeitsverhältnisse ebenso sein können, wie sie im Durchschnitt in Babylon waren.

Der Wert der Schochschen Untersuchungen beruht unstreitig darin, daß sie an Stelle der gänzlich unzulänglichen Werte des Sehungsbogens, wie sie noch Wislicenus in seinen Tafeln angibt, nun glaubwürdige und theoretisch einwandfreie Werte setzen. Die Schochschen Werte sind daher als die zur Zeit besten in die hier gegebenen Tafeln aufgenommen worden (Tafel E 64). Damit ist die Frage des Sehungsbogens zwar für Babylon endgültig gelöst, nicht aber für andere Orte. Das muß ausdrücklich hervorgehoben werden.

III. Berechnung des Sehungsbogens aus Beobachtungen.

Zur Ableitung des Sehungsbogens müssen gegeben sein: Jahr und Tag der Beobachtung und der Beobachtungsort.

	Heliakischer Aufgang des Sirius +139 Juli 20, Alexandria.
1. Bestimmung der Zeit τ des Sonnenaufganges (bei heliak. Aufg. und kosm. Unterg.) oder des Sonnenunterganges (bei heliak. Unterg. und akronych. Aufg.) nach Taf. Chr. III § 12.	$S = 6^h.96$, Zeitgl. $+0^h.03$ Sonnenaufgang $5^h.07 = \tau$ $\tau - 1^h = 4^h$

2. Nach Taf. Chr. II Rektaszension A und Deklination D der Sonne berechnen. Die Rechnung wird für den gegebenen Tag bei Sonnenaufgang für $\tau - 1^h$ bei Sonnenuntergang für $\tau + 1^h$ ausgeführt.	Sonnenort für + 139 Juli 20, 4^h früh Alexandria (= Memphis) $A = 116^\circ.75 \qquad D = +21^\circ.39$
3. Ort α, δ des Sterns aus den Sterntafeln in Taf. Chr. I berechnen.	$\alpha = 80^\circ.78, \quad \delta = -15^\circ.88$
4. Geographische Breite φ des Ortes aus Atlas oder Tafel E 101 entnehmen.	$\varphi = +31^\circ.2$
5. $\cos t_0 = -\operatorname{tg}\varphi \operatorname{tg}\delta$ (Ist $\cos t_0$ negativ, so ist t_0 größer als 90°) $T = t_0 - (A - \alpha)$ Bei Aufgängen ist t_0 negativ, bei Untergängen positiv anzusetzen.	$-\operatorname{tg}\varphi = 9.7822\,n \qquad A = 116^\circ.75$ $\operatorname{tg}\delta = 9.4540\,n \qquad \alpha = 80.78$ $\cos t_0 = 9.2362 \qquad A - \alpha = 35.97$ $t_0 = 80^\circ.08$ Hier Aufgang, also t_0 negativ: $t_0 = -80^\circ.08$ $-(A - \alpha) = -35.97$ $T = -116.05$
6. $\sin H = \sin D \sin\varphi + \cos D \cos\varphi \cos T$ Das Vorzeichen von T ist hier gleichgültig. $\cos T$ ist positiv für T unter 90, negativ für T über 90. H, die Höhe der Sonne unter dem Horizont, muß sich negativ ergeben. $-H$ ist der gesuchte Sehungsbogen β.	$\sin D = 9.5620 \quad \cos D = 9.9690$ $\sin\varphi = 9.7144 \quad \cos\varphi = 9.9322$ $\sin D \sin\varphi = 9.2764 \quad \cos T = 9.6426n$ $\cos D \cos\varphi \cos T = 9.5438n$ $\sin D \sin\varphi = +0.1890$ $\cos D \cos\varphi \cos T = -0.3498$ $\sin H = -0.1608$ $H = -9^\circ.2$ Sehungsbogen $\beta = 9^\circ.2$

IV. Berechnung der Zeiten jährlicher Aufgänge und Untergänge nach den Tafeln zur astronomischen Chronologie III.

Die Vorschriften sind in § 24 für Sterne, in § 26 für Planeten vollständig gegeben. In § 24 sind folgende Änderungen vorzunehmen:

Absatz d: Statt der unzulänglichen Tafel 28, die ganz zu streichen ist, ist die hier gegebene Tafel E 64 zu benutzen.

Absatz h: Statt Tafel 27 ist die zweckmäßiger gestaltete Tafel 27a des Anhanges zu Teil III (erschienen 1925) zu verwenden.

Absatz k: An die nach § 23 berechnete Zeit T ist die Korrektion T_4 aus Tafel E 2 anzubringen.

Die Tafel 28 a des Anhanges ist nach der hier gegebenen Tafel E 64 zu berichtigen.

Die hier gegebene Tafel der Sehungsbogen, Tafel E 64, beruht auf den Angaben von K. Schoch; die Schochschen Werte sind um 0.6 Grad vergrößert, um den Einfluß der Refraktion im halben Tagbogen zu berichtigen. Dabei sind, um die Rechnung möglichst einfach zu machen, die Werte auf das nächstgelegene .0 oder .5 abgerundet; dadurch entsteht ungünstigstenfalls eine Abweichung von 0°.2 gegen Schoch, die für das Resultat belanglos ist.

Es ist zu beachten, daß diese korrigierten Sehungsbogen der Tafel E 64 nur dann zu benutzen sind, wenn jährliche Aufgänge und Untergänge nach den Tafeln in Taf. Chr. III berechnet werden. Soll etwa ein neuberechneter Sehungsbogen mit dem Werte der Tafel E 64 verglichen bzw. neu eingeführt werden, so ist er erst um 0°.5 zu vergrößern.

V. Berechnung der Zeiten jährlicher Aufgänge und Untergänge nach den Tafeln von Wislicenus (Leipzig 1892).

Von der Benutzung dieser Tafeln ist dringend abzuraten. Sie sind mit der ganz zwecklosen Genauigkeit von 0°.001 berechnet und erfordern eine äußerst mühselige Rechenarbeit. Die von Wislicenus gegebenen Zahlenbeispiele sind wegen der Verwendung viel zu großer Sehungsbogen in den Resultaten verfehlt.

VI. Zusammenstellungen fertig berechneter Zeiten jährlicher Aufgänge und Untergänge.

Die einzige heute brauchbare Zusammenstellung enthalten Schochs Planetentafeln auf S. XLIV. Die berechneten Werte sind aber nur für Babylon gültig.

Die von Ginzel in seinem Handbuch der Chronologie berechneten Zeiten sind höchstens als Anhalt zu benutzen, da sie mit ungenügenden Werten des Sehungsbogens berechnet sind.

VII. Ermittelung eines unbekannten Sterns aus Angaben von Zeiten jährlicher Aufgänge oder Untergänge.

Für diese Aufgabe gibt Wislicenus in seinen Tafeln eine Lösung an, die wenig zweckmäßig ist und viel zu viel Arbeit erfordert.

Viel einfacher wird die Behandlung der Aufgabe mit Hilfe einer drehbaren Sternkarte, die nach den Angaben von § 16 X für die Breite des Beobachtungsortes, die genähert bekannt sein muß, zu zeichnen ist; eine

Unsicherheit von 5 Grad in Breite macht nichts aus. Gezeichnet wird zunächst nur das Kartennetz und der Horizontausschnitt, letzterer zweckmäßig auf Pauspapier. Beide werden beschriftet, nur das Einzeichnen der Sterne unterbleibt vorläufig.

Jeder der für den unbekannten Stern angegebenen Aufgänge und Untergänge wird folgendermaßen behandelt:

Für das gegebene Datum wird aus Tafel E 41 die genäherte Sonnenlänge berechnet. Mit Hilfe der Tafel VIII in der Sonnentafel in Taf. Chr. II wird daraus Rektaszension und Deklination der Sonne berechnet und dieser Ort in das Kartennetz eingetragen.

Nun wird der Horizontausschnitt auf der Pause auf das Netz aufgelegt und so gedreht, daß die Sonne schätzungsweise 10 Grad unter dem Horizont steht, und zwar

heliakischer Aufgang: Sonne unter Osthorizont stellen
und
ganzen Osthorizont auf das Netz durchdrücken;

heliakischer Untergang: Sonne unter Westhorizont stellen
und
ganzen Westhorizont auf das Netz durchdrücken;

akronychischer Aufgang: Sonne unter Westhorizont stellen
und
ganzen Osthorizont auf das Netz durchdrücken;

kosmischer Untergang: Sonne unter Osthorizont stellen
und
ganzen Westhorizont auf das Netz durchdrücken.

Nun sind zwei Fälle zu unterscheiden.

Fall 1. *Es ist nur ein einziger Aufgang oder Untergang gegeben.*

Die Aufgabe ist unbestimmt. Es kommen alle Sterne in Betracht, die in der Nähe der durchgezeichneten Horizontkurve liegen. Es sind also mit Hilfe der Sterntafeln in Taf. Chr. I alle in die Nähe der Kurve fallenden Sterne herauszusuchen und einzutragen. Die Entscheidung wird, wenn kein auffällig heller Stern dabei ist, meist zweifelhaft bleiben.

Fall 2. *Es sind mindestens zwei jährliche Aufgänge oder Untergänge gegeben.*

Jetzt ergeben die durchgezeichneten Horizontkurven einen Schnittpunkt, in dessen Nähe der unbekannte Stern zu suchen ist. Nach den Sterntafeln werden alle in diese Gegend fallenden Sterne eingezeichnet und nach Absatz IV nachgerechnet. Die zur Entnahme des Sehungsbogens erforderliche Größe der Sterne ist in den Sterntafeln angegeben.

Über die Genauigkeit vgl. unter Absatz X.

VIII. Ermittelung der Breite des Beobachtungsortes aus der gegebenen Zeit eines jährlichen Aufganges oder Unterganges eines bekannten Sterns.

Der einfachste Weg zur Lösung ist der folgende:

Nach Absatz III werden für drei verschiedene, je 3 oder 5 Grad auseinanderliegende Werte der geographischen Breite φ die Sehungsbogen berechnet. Die Werte werden auf φ von Grad zu Grad interpoliert. Derjenige Wert, der am besten zu dem aus Tafel E 64 für den Stern abgeleiteten Werte paßt, gibt die wahrscheinliche Breite des Beobachtungsortes an.

Beispiel: Heliakischer Aufgang des Sirius +139 Juli 20 in Ägypten. Für welche Breite gilt diese Angabe?

Nach Absatz III ergibt sich:

φ	β
$= 24^\circ$	$= 15.0^\circ$
$= 27$	$= 12.7$
$= 30$	$= 10.2$

Hieraus folgt durch Interpolieren

	φ	β
	$= 24^\circ$	$= 15.0^\circ$
	25	14.2
	26	13.5
	27	12.7
	28	11.9
	29	11.0
	30	10.2
extrapoliert	31	9.4
extrapoliert	32	8.5

Nach Tafel E 64 hat Sirius für heliakischen Aufgang den Sehungsbogen 9.5 Grad, also nach Abzug der Korrektion 0.5 den Sehungsbogen 9.0 Grad.

Dieser Wert des Sehungsbogens paßt zu den Breiten 31 und 32 Grad. Da die Beobachtung in Ägypten erfolgt ist, so scheidet 32 Grad aus und es bleibt 31 Grad, d. h. Alexandria.

IX. Bestimmung des unbekannten Jahres eines jährlichen Aufganges oder Untergangs eines bekannten Sterns, wenn der Tag und der Beobachtungsort bekannt sind.

Diese Aufgabe läßt sich dadurch lösen, daß für zwei Zeitpunkte, die das unbekannte Jahr vermutlich einschließen, der betr. Tag des jährlichen Aufganges oder Unterganges berechnet wird.

Das Resultat wird aber höchst unbefriedigend ausfallen. Die Zeiten der jährlichen Aufgänge und Untergänge ändern sich so langsam, daß mit einer Unsicherheit von 100 Jahren als mindestes gerechnet werden muß. Es ist daher anzuraten, derartige Bestimmungen, die vollständig in der Luft hängen, lieber zu unterlassen.

Das von Wislicenus für diese Aufgabe gegebene Beispiel ist eine eindringliche Warnung. Rechnet man nämlich mit dem richtigen Sehungsbogen 9 statt 11 Grad, so erhält man nicht das von Wislicenus gefundene und scheinbar so schön passende Jahr —220, sondern das unmögliche Jahr +128!

X. Die Genauigkeit der Rechnung.

Die Genauigkeit der Rechnung ist hier viel größer als die Genauigkeit der Beobachtung. Es war schon unter II darauf hingewiesen worden, daß die meteorologischen Verhältnisse eine Unsicherheit von einem Tage oder noch mehr bewirken können. Die unter VII bis IX behandelten Aufgaben sind also, was die Resultate anlangt, mit größter Vorsicht aufzunehmen. Eigentlich sind diese Aufgaben hier nur behandelt worden, um zu zeigen, wie vorsichtig man bei ihnen sein muß.

Angaben über jährliche Aufgänge und Untergänge werden zur Bestätigung der Zeitrechnung von Werte sein, aber weitergehende Schlüsse wird man aus ihnen, als viel zu unsicher, nicht ziehen dürfen.

§ 18. Berechnung des heliakischen Aufganges des Sirius für Ägypten und Babylon.

Vorbemerkungen.

Der heliakische Aufgang des Sirius ist für die ägyptische Chronologie von größter Bedeutung.

Zur genauen Bestimmung müssen bekannt sein:

1. der Ort des Sirius
2. die Länge der Sonne
3. der Sehungsbogen des Sirius
4. der Beobachtungsort.

Der Ort des Sirius läßt sich auch für ferne Zeiten genau bestimmen. Anders ist es mit der Länge der Sonne. Die Sonnenlänge ist bei dem heutigen Stande unserer Kenntnisse für das Jahr —4000 nicht auf 0.1 Grad zu verbürgen. Man wird nicht zu hoch greifen, wenn man die Unsicherheit der Sonnenlänge für —4000 zu etwa 0.3 Grad annimmt.

Ähnliches gilt für den Sehungsbogen. Wenn auch nach neueren Beobachtungen der Sehungsbogen des Sirius für Ägypten zu 9.0 Grad anzunehmen ist [1]), so ist es doch möglich, daß unter günstigen Umständen auch ein kleinerer Sehungsbogen, etwa 8.7 Grad möglich ist.

Alle Rechnungen zur ägyptischen Chronologie werden daher vorläufig noch nicht als endgültig betrachtet werden dürfen, wenn sie auch

[1]) L. Borchardt, P. V. Neugebauer, Beobachtungen des Frühaufganges des Sirius in Ägypten im Jahre 1926. Oriental. Literaturzeitung 1927 Juni.

der Wahrheit viel näher kommen als die früheren Untersuchungen, deren Voraussetzungen durch die jetzt bekannten Korrektionen der Sonnenbewegung hinfällig werden.

Um weitere Versuche in dieser Richtung zu erleichtern, sind in den Tafeln Hilfsmittel gegeben, den Siriusaufgang mit geringster Mühe zu berechnen. Die Tafeln beruhen auf den Elementen von Schoch und dem Normalsehungsbogen 9.0 Grad; außerdem sind Korrektionstafeln gegeben, die es erlauben, Änderungen der Sonnenlänge und des Sehungsbogens einzuführen.

Die aus den Tafeln erhaltenen Resultate gelten in bürgerlicher Zeit Memphis, für dessen Breite die Tafeln berechnet sind. Mit Hilfe einer weiteren Korrektionstafel kann die Rechnung auch für beliebige Orte in Ägypten ausgeführt werden.

I. Berechnung des Siriusaufganges für Memphis.

	Siriusaufgang —2476 in Memphis.
1. Jahreszahl in Jahrhundert und Jahr zerlegen (vgl. § 3 I).	—2476 = —2500 +24
2. Tafel E 58. Mit Arg. »Jahrhundert« t_1 und D herausschreiben.	—2500: t_1 = Juli 15.84, $D = 6$
3. Tafel E 59. Mit Arg. »Jahr« aus der mit D bezeichneten Spalte t_2 herausschreiben. t_2 gilt in Einheiten der letzten Stelle von t_1. $T = t_1 + t_2$ bilden.	24: t_2 = 2 $T = t_1 + t_2$ = Juli 15.86
4. Geographische Breite φ von Memphis aus Atlas oder Tafel E 101 entnehmen. Tafel E 62. Arg. Jahreszahl: Tageszeit T_0 des Aufganges des Sirius für das Datum T interpolieren. T kleiner als T_0: Aufgang am Morgen des Tages T. T größer als T_0: Aufgang am Morgen des Tages $T + 1$.	$\varphi = 29.9^\circ$ —2476: T_0 = Juli 15.17 T größer als T_0, also Aufgang am Morgen des 16. Juli.

II. Berechnung des Siriusaufgangs für beliebige Orte in Ägypten.

	Siriusaufgang +139 in Alexandria.
1. Nach den Anweisungen I 1—3 wird $t_1 + t_2$ berechnet.	$t_1 + t_2$ = Juli 18.74
2. Geographische Breite φ des Ortes aus Atlas oder Tafel E 101 entnehmen. Tafel E 60: vertik. Arg. Jahreszahl, horiz. Arg. φ } t_3 interpolieren. Zu bilden $T = t_1 + t_2 + t_3$	$\varphi = 31\overset{\circ}{.}2$ +139, $\varphi = 31.2$ } $t_3 = +1.15$ T = Juli 19.89
3. Tafel E 62. Mit Arg. Jahreszahl die Tageszeit T_0 des Aufganges für das Datum T interpolieren. T kleiner als T_0: Aufgang am Morgen des Tages T. T größer als T_0: Aufgang am Morgen des Tages $T + 1$.	T_0 = Juli 19.17 T größer als T_0, daher Aufgang am Morgen des Tages $T + 1$ = Juli 20.

III. Berechnung des Siriusaufganges für Babylon.

	Siriusaufgang —1472 in Babylon.
1. Nach den Anweisungen I 1—3 wird $t_1 + t_2$ berechnet.	$t_1 + t_2$ = Juli 16.49
2. Tafel E 63. Mit Arg. Jahreszahl Korr. interpolieren und bilden: $T = t_1 + t_2 +$ Korr. Der Schluß der Rechnung erfolgt nach II 3.	—1472: Korr. = +1.22 T = Juli 17.71 T_0 = Juli 17.17. T größer als T_0, also Aufgang Juli 18.

IV. Berücksichtigung von Korrektionen der Sonnenlänge und des Sehungsbogens.

In der Tafel E 58 sind in Spalte L_0 die mittleren Längen der Sonne für Jan. 1.0 bürgerl. Zeit Memphis angegeben, wie sie sich auf Grund der Schochschen Elemente der Sonne ergeben.

Der in den Tafeln benutzte Sehungsbogen für Ägypten ist 9.0 Grad (für Babylon ist 7.7 benutzt).

Soll für andere Werte der Sonnenlänge und für einen anderen Sehungsbogen gerechnet werden, so ist folgende Rechnung auszuführen:

1. Für das zunächstliegende Jahrhundert wird mit den neuen Sonnenelementen die mittlere Länge L' der Sonne für Jan. 1.0 bürgerl. Zeit Memphis berechnet.

Aus Tafel E 58 wird für das gleiche Jahrhundert L_0 entnommen.

Aus Tafel E 61 wird mit dem Jahr als Argument die Zahl t_4 interpoliert.

$t_4(L' - L_0)$ ist die Korrektion, die zur Berücksichtigung der geänderten Sonnenlänge an die nach Absatz I berechnete Zeit $t_1 + t_2$ anzubringen ist.

2. Berücksichtigung eines geänderten Sehungsbogens β' (für Ägypten).

Aus Tafel E 61 wird mit dem Jahr als Argument die Zahl t_5 interpoliert.

$t_5\,(\beta' - 9\overset{\circ}{.}0)$ ist die Korrektion, die zur Berücksichtigung eines geänderten Sehungsbogens an die nach Absatz I berechnete Zeit $t_1 + t_2$ anzubringen ist.

§ 19. Berechnung der jährlichen Aufgänge und Untergänge der Planeten und der Sichtbarkeitsverhältnisse der Planeten.

I. Allgemeines.

Die hier behandelten Erscheinungen betreffen folgende Phasen der scheinbaren Bewegung der Planeten:

Merkur, Venus

Obere Konjunktion mit der Sonne
Erscheinen als Abendstern (Schoch: Aerst, efirst)
Größte östliche Elongation
Größter Glanz (nur bei Venus)
Scheinbarer Stillstand
Verschwinden als Abendstern (Schoch: Aletzt, elast)
Untere Konjunktion mit der Sonne
Erscheinen als Morgenstern (Schoch: Mgerst, mfirst)
Scheinbarer Stillstand
Größter Glanz (nur bei Venus)
Größte westliche Elongation
Verschwinden als Morgenstern (Schoch: Mgletzt, mlast)

Mars, Jupiter, Saturn

Konjunktion mit der Sonne
Erscheinen im Osten (Schoch: mfirst)
Erster scheinbarer Stillstand
Opposition zur Sonne
Zweiter scheinbarer Stillstand
Verschwinden im Westen (Schoch: elast).

Zur Berechnung dienen:

1. Die Tafeln zur astronomischen Chronologie III. Diese Tafeln liefern mit einfacher Rechnung genäherte Werte. Für die Zeiten des Erscheinens und Verschwindens liefern sie aber nur einen ganz rohen Anhalt; diese Erscheinungen müssen besonders nachgerechnet werden, weil bei ihnen die geographische Breite wesentlich mitspricht (vgl. Absatz II D).

2. Die Tafeln von C. Schoch in Langdon-Fotheringham, The Venus tablets of Ammizaduga, Oxford 1928. Diese Tafeln liefern genaue Resultate, jedoch nur für das Altertum und für die neueste Zeit. Außerdem gelten die mit ihnen berechneten Zeiten des Erscheinens und Verschwindens nur für die Breite von Babylon.

Für die Zeit von 0 bis +1800 ist man allein auf die Taf. Chr. angewiesen. Die Vorschriften werden daher hier in neuer Form mit Hilfsmitteln zur Steigerung der Genauigkeit nochmals vollständig gegeben.

II. Genäherte Berechnung nach den Tafeln zur astronomischen Chronologie.

A. *Berechnung der allgemeinen Sichtbarkeitsverhältnisse.*

Die schnelle Orientierung, welche Planeten zu einer bestimmten Zeit sichtbar waren, ist in Taf. Chr. III § 25 ausführlich erläutert.

B. *Genäherte Berechnung der Zeit einer bestimmten Phase der Erscheinung eines Planeten.*

Die Aufgabe wurde bereits in Taf. Chr. III § 26 II behandelt. Es wird aber hier eine kürzere Berechnungsweise mitgeteilt, die mit der Benutzung der neuen Tafeln E 96 bis E 99 noch genauer ist.

Beispiel: Opposition des Mars 1910 n. Chr.

1. Ein beliebiges Ausgangsdatum t_0 wählen und für dieses nach Taf. Chr. III § 25 die Größe a berechnen.

   a und die bei der Berechnung gebrauchte Größe b bilden die Ausgangsdaten für die weitere Rechnung.

   Die Rechnung ist auch für die Neuzeit im jul. Kalender zu führen.

t_0 = 1910 Jan. 0 jul.		
a_1 = 763		b_1 = 623
a_2 = 532		b_2 = 217
a_3 = 0		b_3 = 0
φ = 1295		s = 840
a_0 = 780		b_0 = 687
Σ = 515		b = 153
a_4 = —22		
a_5 = +1		
a = 494		

2. Taf. Chr. III Seite XLII und XLIII: Die für die gesuchte Phase angegebenen Zahlen A herausschreiben. Zu bilden: $A - a$.	Mars, Opposition: $A = 390$ und 1170. $A - a = -104$ und $+676$.
3. (Fällt bei Venus fort.) In den Tafeln E 96 bis E 99 die Tafel des betr. Planeten aufsuchen: vertik. Arg. $A - a$ } Korr. inter- horiz. Arg. b } polieren. Ist $A - a$ negativ, so sind die unteren Arg. b zu nehmen und die Vorzeichen umzukehren. $A - a$ und Korr. sind in Tagen ausgedrückt.	1. $A - a = -104$, $b = 153$ } Korr. $= -12$ 2. $A - a = +676$, $b = 153$ } Korr. $= 0$
4. Genähertes Datum der Phase: $t_0 + A - a + Korr.$ Bei Venus ist Korr. gleich Null. Zur leichten Umrechnung in das Datum kann die Tafel 22 in Taf. Chr. III S. 51 benutzt werden.	1. 1910 Jan. 0 — 104 — 12 = 1909 Sept. 6 2. 1910 Jan. 0 + 676 + 0 = 1911 Nov. 7
5. (Bei Merkur überflüssig.) Taf. Chr. III, Tafel 34 b bis d. Die Änderung von a_5 vom Ausgangstag t_0 bis zu dem vorher gefundenen Tage wird mit umgekehrtem Vorzeichen angebracht. Das Resultat ist das endgültige Datum der Phase. Die Tafeln liefern alle Zeiten in julianischem Kalender. Sie sind nach der Tafel K (Taf. Chr. III S. 3) in gregorianischen Kalender zu verwandeln.	1. Änderung Jan. 0 bis Sept. 6 = —5 2. Jan. 0 bis Nov. 7 = —4 Also Opposition 1. 1909 Sept. 6 + 5 = Sept. 11 jul. 2. 1911 Nov. 7 + 4 = Nov. 11 jul. oder 1909 Sept. 24 und 1911 Nov. 24 greg.

6. Die Genauigkeit des Resultates.
Das Resultat ist am genauesten bei Konjunktion, Opposition; am wenigsten genau sind die Zeiten des Erscheinens und Verschwindens, weil bei ihnen die geographische Breite berücksichtigt werden muß, was die kurzen Tafeln nicht erlauben.

Die Rechnung erscheint etwas umständlich. Wie einfach sie in Wirklichkeit ist, zeigt sich bei der Berechnung des Verlaufes einer vollen Erscheinung, die in Absatz C behandelt ist.

C. *Berechnung sämtlicher Phasen einer vollen Erscheinung.*

1. Von einem beliebigen Datum t_0 ausgehend wird nach Absatz B die Zeit der Konjunktion (bei Merkur und Venus der oberen Konjunktion) berechnet.

Für das Datum t der Konjunktion ist dann $a = 0$. Das zu t gehörige b ergibt sich bei Merkur, Venus und Mars aus dem Wert für t_0 durch Zulegen von $t - t_0$ in Tagen; bei Jupiter sind $^1/_{10}$ $(t - t_0)$, bei Saturn $^1/_{100}$ $(t - t_0)$ zuzulegen.

Weil die Taf. Chr. III im julianischen Kalender gelten, empfiehlt es sich, die Rechnung in diesem Kalender anzulegen und erst die Resultate in gregorianischen Kalender umzurechnen.

Erscheinung des Merkur 1928 Jan. — April.

t_0 = 1928 Jan. 1 greg.
= 1927 Dez. 19 jul.

Für dieses Datum folgt:

$a = 110$ $b = 47$

$A = 0$ oder 116; da für die Folgezeit gerechnet wird, ist der zweite Wert zu benutzen:

$A - a = 6$
Korr. $= +2$

also Konjunktion

$t = 1927$ Dez. $19 + 6 + 2 =$ Dez. 27 jul.
$t - t_0 = +8$
b für t gleich $47 + 8 = 55$
a für t gleich 0

---

2. Aus Taf. Chr. III S. 65 der Reihe nach die Zahlen A (dort mit a bezeichnet) herausschreiben und zu t zulegen.

Bei Venus werden mit Hilfe der Tafel 22 (Taf. Chr. III, S. 51) schon jetzt die Kalendertage bestimmt.

---

3. (Fällt bei Venus fort.)

In den Tafeln E 96 bis E 99 die für den betr. Planeten geltende Tafel aufsuchen:

vertik. Arg. A }
horiz. Arg. b } *Korr.* interpolieren. ($A - a$ hier $= A$, weil $a = 0$)

Bei negativem A werden die unteren Arg. b genommen und die Vorzeichen umgekehrt. $t + A +$ *Korr.* bilden.

Die Zeiten mit Hilfe der Tafel 22 in Taf. Chr. III S. 51 in Kalendertage umrechnen.

Bei Merkur sind die so gefundenen Zeiten bereits die endgültigen Daten.

---

4. Bei Venus, Mars, Jupiter und Saturn sind nach Tafel 34 b bis d in Taf. Chr. III noch die Änderungen von a_5 vom Ausgangsdatum t (der Konjunktion!) bis zu dem soeben berechneten Datum zu bilden und mit umgekehrtem Vorzeichen an die Daten anzubringen.

Die Weiterführung des Rechenbeispiels für Merkur befindet sich auf der folgenden Seite.

Schluß des Beispiels: Merkur, obere Konjunktion $t = 1927$ Dez. 27 jul.

$a = 0 \qquad b = 55$

Phase	A	$t + A$	*Korr.*	$t + A + Korr.$	
Erscheinen im Westen	12	1928 Jan. 8	+ 3	1928 Jan. 11 jul.	= Jan. 24 greg.
Größte östl. Elongation	36	Febr. 1	— 7	25	= Febr. 7
Verschwinden im Westen	53	18	—13	Febr. 5	= 18
Untere Konjunktion	58	23	—11	12	= 25
Erscheinen im Osten	63	28	—10	18	= März 2
Größte westl. Elongation	80	März 16	— 3	März 13	= 26
Verschwinden im Osten	104	April 9	+ 3	April 12	= April 25
Obere Konjunktion	116	21	— 2	19	= Mai 2

Zum Vergleich seien die genauen Werte des Berliner Astron. Jahrbuchs mitgeteilt:

Obere Konjunktion	1928 Jan.	10, also Fehler	1 Tage
Größte östl. Elongation	Febr.	9	2
Untere Konjunktion		24	1
Größte westl. Elongation	März	22	4
Obere Konjunktion	Mai	3	1

Die erreichte Genauigkeit ist vollständig ausreichend. Die Zeiten des Erscheinens und Verschwindens werden viel weniger genau sein; bei Mars kann dort der Fehler auf einige Monate anwachsen.

Die Vorteile der indirekten Berechnungsweise der Taf. Chr. III gegenüber der direkten Rechnung von Schoch sind folgende:

Die Rechnung geht von einem beliebig gewählten Ausgangsdatum aus; es wird aus praktischen Gründen in die Nähe des zu untersuchenden Zeitraumes gelegt, was an sich nicht nötig ist. Bei Schoch wird zyklisch gerechnet, was für Unkundige schwieriger ist.

Das hier gegebene Verfahren erfaßt, von einem einzigen berechneten Punkte ausgehend, sämtliche Phasen einer Erscheinung. Ja, noch mehr: wird die vorstehende Rechnung nicht nur für positive Werte von A, sondern auch für negative A ausgeführt, so lassen sich zwei aufeinanderfolgende Erscheinungen berechnen, ohne daß man gezwungen ist, das Ausgangsdatum (die Konjunktion) neu zu berechnen.

Im Gegensatz dazu geht Schoch von der nächstgelegenen Konjunktion oder Opposition aus, braucht also für eine volle Erscheinung drei verschiedene Ausgangsrechnungen.

Für Überschlagsrechnungen oder bei Versuchen mit Texten mit unbekanntem Jahr wird man daher den Taf. Chr. den Vorzug geben, weil sie viel schneller arbeiten. Zur genauen Nachrechnung für Babylon sind natürlich die Tafeln von Schoch nicht zu ersetzen.

D. *Berechnung der Zeiten des Erscheinens und Verschwindens der Planeten (heliakische Aufgänge und Untergänge).*

Im Vorhergehenden wurde immer darauf hingewiesen, daß die nach B oder C berechneten Zeiten des Erscheinens und Verschwindens der Planeten sehr ungenau sind und nur als roher Anhalt für eine genauere Rechnung dienen sollen.

Diese leider etwas umständliche Berechnung ist in Taf. Chr. III in § 26 III angegeben. Bei ihr sind natürlich die hier in Tafel E 64 gegebenen verbesserten Sehungsbogen der Planeten zu benutzen. Für Babylon wird man diese umständliche Rechnung nicht nötig haben, da hier die in Absatz III erläuterten Tafeln von Schoch das gewünschte Resultat in einfachster Weise völlig genau liefern.

III. Berechnung nach den Oxford-Tafeln von Schoch in Langdon-Fotheringham, The Venus tablets of Ammizaduga, Oxford 1928.

A. *Vorbemerkungen.*

Die Tafeln von Schoch erfordern beim Rechnen eine gewisse Aufmerksamkeit, weil je nach Art der gewünschten Phase der Ausgangspunkt verschieden anzunehmen ist.

		Ausgang:
Merkur Venus	Erscheinen im Westen (efirst)	Vorhergehende obere Konjunktion
	Größte östl. Elongation	Folgende untere Konjunktion
	Scheinbarer Stillstand	,, ,, ,,
	Größter Glanz	,, ,, ,,
	Verschwinden im Westen (elast)	,, ,, ,,
	Erscheinen im Osten (mfirst)	Vorhergehende untere Konjunktion
	Größter Glanz	,, ,, ,,
	Scheinbarer Stillstand	,, ,, ,,
	Größte westl. Elongation	,, ,, ,,
	Verschwinden im Osten (mlast)	Folgende obere Konjunktion
Mars Jupiter Saturn	Erscheinen im Osten (mfirst)	Vorhergehende Konjunktion
	Scheinbare Stillstände	Opposition
	Verschwinden im Westen	Folgende Konjunktion

Die Benutzung der Schochschen Tafeln erfordert also etwas Aufmerksamkeit. Die Arbeit wird noch dadurch erschwert, daß die Gebrauchsanweisungen nicht klar zusammengefaßt sind, sondern aus einem mit allen möglichen nicht dazugehörigen Bemerkungen überladenem Text zusammengesucht werden müssen. Sie werden im folgenden in leicht übersichtlicher Form gegeben.

B. *Die Tafeln für Merkur und Venus.*

1. Berechnung der Ausgangswerte für obere oder untere Konjunktion; Vorbemerkungen beachten.

Genähertes Ausgangsdatum t_0 wählen; den Tag nach der ersten Tafel links auf S. I in Jahresbruch verwandeln (bei negativen Jahren rechte Spalte).

In Cycle table und Period table die Werte »year« aussuchen, deren Summe dem Ausgangsdatum t_0 am nächsten kommt.

Bei Period table ist zu beachten, daß für obere und untere Konj. verschiedene Tafeln gelten.

Cycle table und Period table:

Jahr, *I*, *T*, *L* herausschreiben und die Summe von *I* bilden; überschreitet die Summe 400, so wird 400 abgezogen.

Tafel A: Arg. *I*.

T und *L* interpolieren und Summe aller *T* und *L* bilden. Die Summe der *L* wird mit ⊙ bezeichnet.

Zu beachten ist, daß für obere und untere Konj. verschiedene Spalten der Tafel A gelten.

Tafel N (S. XIV).

T in Kalendertag verwandeln; eine genauere Erläuterung ist hier unter D gegeben.

Bei Venus, Unt. Konj., ist in Taf. A noch »var« zu berücksichtigen, was für 1500 Jahre gilt.

Merkur, Untere Konjunktion im Febr. +1928.

t_0 = 1928 Febr. 10 = 1928.11

Cycle 1924.20, Period 3.97

Jahr	*I*	*T*	L_0
1924.20:	307	65.9	341.2
3.97:	186	1448.5	347.7
1928.17	93		
I = 93:		2.4	6.2
		1516.8 = *T*	335.1 = ⊙

1928 Febr. 24.8 = Febr. 24 7^h N.

2. Berechnung des Erscheinens und Verschwindens (nur gültig für die Breite von Babylon).

Tafel B. Erscheinen als Abendstern und Verschwinden als Morgenstern (efirst und mlast). Ausgangswerte: obere Konj.

Tafel C. Verschwinden als Abendstern und Erscheinen als Morgenstern (elast und mfirst). Ausgangswerte: untere Konj.

Da hier untere Konjunktion vorliegt, kann nur nach Tafel C elast und mfirst berechnet werden:

elast: *T* = —7

mfirst: *T* = +19

Verschwinden als Abendstern:

1928 Febr. 25 —7 = Febr. 18

Erscheinen als Morgenstern:

1928 Febr. 25 +19 = März 15.

Mit Arg. ⊙ aus der betr. Spalte den Wert *T* interpolieren und an die Zeit der Konjunktion anbringen. Die berechneten Zeiten gelten nur für die Breite von Babylon.	vgl. vorige Seite.

Bei Venus ist hier zu beachten, daß bei unterer Konjunktion mit einer Dezimale mehr gerechnet wird. Daher gilt die Tafel C nur für das Jahr —1500 und für andere Zeiten sind die in der Tafel rechts daneben angegebenen Korrektionen zu berücksichtigen.

Die Spalte »Intervall« in der Tafel C bei Venus gibt an, wie lange Venus nach dem Verschwinden als Abendstern in Babylon unsichtbar bleibt.

---

3. Berechnung der Zeiten der größten Elongation und der scheinbaren Stillstände sowie des größten Glanzes bei Venus (gültig für alle Breiten). Ausgangswert: untere Konjunktion. Tafel D: Arg. *I*.	$I = 93.$
Die Tafel liefert zu dem Argument aus jeder ihrer Spalten zwei Werte von *T* für	Elongation: $T = -16$ und $+27$ Stillstand: $T = -10$ und $+12$ **Abendstern:**
größte östl. Elong. als Abendstern (ev.)	**Größte östl. Elong.** Febr. 25 —16 = = Febr. 9
größte westliche Elong. als Morgenstern (mor.)	**Stillstand** Febr. 25 —10 = = Febr. 15
größten Glanz (nur bei Venus) als Morgen- und Abendstern	**Morgenstern:** **Größte westl. Elong** Febr. 25 + 27 = = März 23
scheinbaren Stillstand als Morgen- oder Abendstern.	**Stillstand** Febr. 25 + 12 = = März 8.
Die Angaben für Abendstern haben das negative Zeichen, die für Morgenstern das positive. Die aus der Tafel erhaltenen Werte von *T* werden an die Zeit der unteren Konjunktion mit ihrem Zeichen angebracht, womit sich die gesuchten Zeiten der Phasen ergeben. Die bei Venus in Tafel D angegebene Größe *m* ist die Helligkeit zur Zeit des größten Glanzes in Größenklassen.	

Ein vollständiges Beispiel für Venus ist auf der folgenden Seite gegeben.

Vollständiges Beispiel für Venus.

Erscheinung 1925 April — 1926 November.

Ausgangswerte:

		I	T	$L_{\odot}$
Ob.	1920.50	199	180.18	93.9
Konj.	4.80	318	290.8	286.6
	1925.30	117		
		I	9.7	13.6
			480.7	34.1
			T	⊙

T = 1925 April 24.7
Obere Konjunktion

Tafel B. Arg. ⊙. efirst T = +24
Erscheinen als Abendstern:
1925 April 25 + 24 = Mai 19.

		I	T	$L_{\odot}$
Unt.	1920.50	199	180.18	93.9
Konj.	5.60	238	582.73	214.4
	1926.10	37		
		I	6.96	10.1
			var. —11	318.4
			769.76	⊙
			T	

T = 1926 Febr. 7.76
Untere Konjunktion

Tafel C. Arg. ⊙. elast T = —2.1   0.0
mfirst T = —0.7 — 0.1
elast: Febr. 7.76 —2.1 = Febr. 5.7
Verschwinden als Abendstern am Abend des 4. Febr., vielleicht auch erst am Abend des 5. Februar.
mfirst: Febr. 7.76 —0.8 = Febr. 7.0
Erscheinen als Morgenstern am Morgen des 7. Februar.

Tafel D. Arg. I.

Elongation	ev.	T = —72^{d}
	mor.	T = +70
Größter Glanz	ev.	T = —36
	mor.	T = +35
Stillstand	ev.	T = —22
	mor.	T = +19

Größte östl. Elongation:
Febr. 8 —72 = 1925 Nov. 28
Größte westl. Elongation:
Febr. 8 +70 = 1926 April 19
Größter Glanz (abends):
Febr. 8 —36 = 1926 Jan. 3
(morgens):
Febr. 8 +35 = März 15
Stillstand (abends):
Febr. 8 —22 = Jan. 17
(morgens):
Febr. 8 +19 = Febr. 27

		I	T	$L_{\odot}$
Ob.	1920.50	199	180.18	93.9
Konj.	6.39	158	874.7	142.2
	1926.89	357		
		I	1.1	1.9
			1056.0	238.0
			T	⊙

T = 1926 Nov. 21.0
Obere Konjunktion

Tafel B. Arg. ⊙. mlast T = —23
Verschwinden als Morgenstern:
1926 Nov. 21 —23
= 1926 Okt. 29.

C. *Die Tafeln für Mars, Jupiter und Saturn.*

1. Berechnung der Ausgangswerte für Konjunktion oder Opposition (Vorbemerkungen beachten).

Genähertes Ausgangsdatum t_0 wählen; den Tag nach der ersten Tafel links auf S. I in Jahresbruch verwandeln (bei negativen Jahren rechte Spalte).

In Cycle table und Period table die Werte »year« aussuchen, deren Summe dem Ausgangsdatum t_0 am nächsten kommt.

Bei Period table ist zu beachten, daß für Konjunktion und Opposition verschiedene Tafeln gelten.

Cycle table und Period table:

Jahr, I, T, L herausschreiben und die Summe von I bilden; überschreitet die Summe 400, so wird 400 abgezogen.

In der Periodentafel sind noch m (Helligkeit des Planeten) und bei Mars auch die Breite β für die Opposition angegeben. Beide Größen werden meist ohne Interesse sein; die Helligkeit m (für Konjunktion bei Mars) wird dann gebraucht werden, wenn für einen anderen Ort als Babylon heliakischer Aufgang oder Untergang zu berechnen ist, wo dann m zur Bestimmung des Sehungsbogens dient.

Tafel A: Arg. I:

T und L interpolieren und Summe aller T und L bilden. Die Summe der L wird mit $\odot$ bezeichnet.

Zu beachten ist, daß für Opposition und Konjunktion verschiedene Teile der Tafel A gelten.

Tafel N (S. XIV).

T in Kalendertag verwandeln; eine genauere Erläuterung dazu ist hier unter Absatz D gegeben.

Opposition des Mars 1928.

$t_0 = 1928$ Juli $1 = 1928.50$

Zyklus 1924.64
Periode 4.27

	I	T	L_0
1924.64:	395	209.2	126.2
4.27	108	98.9	97.5
1928.91	103		
$I = 103$:		48.3	45.3
		356.4	269.0 = $\odot$

356.4 = 1928 Dez. 21.4

---

2. Berechnung der Zeiten des Erscheinens und Verschwindens (nur gültig für die Breite von Babylon).

Ausgangswerte: Konjunktion.

Neue Ausgangsdaten:
Konjunktion 1927 Okt. 22
$I = 276$ $T = 1390.8$ $\odot = 207.4^{\circ}$
$T = 1927$ Okt. 21.8

Tafel C, Arg. ☉:

2. Spalte, »Interval« = Dauer der Unsichtbarkeit (fehlt bei Saturn).

3. u. 4. Spalte: T interpolieren.

5. u. 6. Spalte: $\Delta\lambda$ interpolieren.

Bei Saturn steht $\Delta\lambda$ unter der Tafel.

Die Zahlen T, mit ihrem Zeichen zur Zeit der Konjunktion zugelegt, ergeben
elast = letzte Sichtbarkeit abends
mfirst = erste Sichtbarkeit morgens.

Die Zahlen $\Delta\lambda$ ergeben, zu ☉ zugelegt, die Länge für heliak. Untergang bzw. für heliak. Aufgang.

☉ = 207.4:
$T = -74$ und $+66$
$\Delta\lambda = -53^\circ$ und $+48^\circ$

Letzte Sichtbarkeit am Abend:
1927 Okt. 22 —74 = Aug. 9; in
Länge λ = ☉ $+\Delta\lambda = 207.4^\circ - 53^\circ = 154^\circ$.

Erste Sichtbarkeit am Morgen:
1927 Okt. 22 +66 = Dez. 27; in
Länge λ = ☉ $+\Delta\lambda = 207.4^\circ + 48^\circ = 255^\circ$.

---

3. Berechnung der Zeiten der Stillstände.

Ausgangswerte: Opposition.

Tafel B, Arg. I:

a, b und λ interpolieren. Bei Jupiter und Saturn λ unter der Tafel.

Damit folgt:

Zeit des 1. Stillstandes = Zeit der Opposition $+a$ (a ist negativ)

Zeit des 2. Stillstandes = Zeit der Opposition $+b$

Länge des 1. Stillstandes: ☉ $+\lambda$

Länge des 2. Stillstandes: ☉ $-\lambda$

Ausgangswerte wie bei 1:
Opposition 1928 Dez. 21.4
$I = 103$ ☉ $= 269.0^\circ$
$I = 103$: $a = -39$
$b = +37$
$\lambda = 9$

1. Stillstand: Dez. 21 — 39 = Nov. 12
in Länge ☉$+\lambda = 269^\circ + 9^\circ = 278^\circ$.

2. Stillstand: Dez. 21 +37 =
= 1929 Jan. 27,
in Länge ☉$-\lambda = 269^\circ - 9^\circ = 260^\circ$.

D. *Berechnung des Datums aus T.*

In Tafel N (S. XIV) oder C (S. VIII) wird die nächstkleinere Zahl zu T aufgesucht. Die Differenz gegen T ergibt den Monatstag.

Die Dezimalen von T lassen sich mit Tafel D (S. VIII) in Stunden und Minuten verwandeln; die ersten zwei Dezimalen von T sind links vorn angegeben, die dritte oben (z. B. .246 = $5^h\ 54^m$ vorm.).

Das Jahr ergibt sich aus der Summe der Jahre von Zyklus und Periode. Hierbei sind aber folgende Ausnahmen zu beachten:

Endet die Jahreszahl n mit den Dezimalen .00, so gehören
bei negativen Jahren Daten im Januar in das folgende Jahr $n+1$,
bei positiven Jahren Daten im Dezember in das vorhergehende Jahr $n-1$.

Beispiel: —20.00 T = Jan. 1 gehört in das folgende Jahr —19
T = Dez. 31 } Jahr bleibt ungeändert
+20.00 T = Jan. 1 } Jahr bleibt ungeändert
T = Dez. 31 gehört in das vorhergehende Jahr +19.

E. *Berechnung der Helligkeit der Planeten.*

Die Helligkeit der Planeten ist nicht konstant, sondern hängt von der Stellung zu Sonne und Erde ab. Als allgemeine Regeln gelten:

Merkur ist am hellsten in der Nähe der oberen Konjunktion.
Venus ist am hellsten in der Nähe der unteren Konjunktion.
Mars, Jupiter und Saturn sind am hellsten in der Zeit um die Opposition.

C. Schoch gibt in seinen Oxford-Tafeln folgende Daten:

Venus, Tafel D: Helligkeit zur Zeit des größten Glanzes.
Mars, Periodentafel: Helligkeit für Opposition und Konjunktion.
Jupiter und Saturn, Periodentafel: Helligkeit für Opposition.

Ferner gibt Schoch in seinen »Planetentafeln für Jedermann« besondere Tabellen, nach denen die Helligkeiten der Planeten für beliebige Zeiten berechnet werden können. Erläuterungen und Beispiele sind auf S. XXVIII zu finden.

Diese Hinweise über die Möglichkeit, leicht die Helligkeit eines Planeten zu berechnen, dürften genügen. Wenn Angaben des Altertums über Helligkeit vorliegen, dann sind sie wahrscheinlich immer so unbestimmt oder so allgemein gehalten, daß es fraglich ist, ob es sich lohnen wird, einen immerhin etwas großen Rechenapparat in Bewegung zu setzen.

§ 20. Verwandlung der Rektaszension und Deklination in Länge und Breite und umgekehrt.

Die im Titel genannte Aufgabe wird dann zu lösen sein, wenn es sich darum handelt, Angaben über Konjunktionen des Mondes mit Planeten oder Sternen nachzuprüfen. Da die Beobachtungen des Altertums immer in Länge und Breite gegeben sind, so ist es nur sinngemäß, die Sternörter in Länge und Breite umzurechnen. Man erspart dann bei Planeten auch die Umrechnung von Längen und Breiten, die sich in der Rechnung direkt ergeben.

Wollte man in Rektaszension und Deklination rechnen, so würde man ein entstelltes Bild erhalten. Es bedeutet z. B. der babylonische Ausdruck »sie halten die Wage« wahrscheinlich »sie stehen in gleicher Länge«. Folglich muß man das in Länge und Breite nachrechnen.

I. Genäherte Verwandlung von α, δ in λ, β (Genauigkeit $0{,}^\circ 1$).

Die Aufgabe ist in Taf. Chr. III mit Bezug auf die dort gegebenen genäherten Tafeln vollständig behandelt.

Die Umrechnung ekliptikaler Sternörter mit einer Genauigkeit von nur 0.1 Grad kann man sich durch die Benutzung der Planetentafeln von Schoch ersparen; dort sind die Örter der wichtigsten Ekliptikalsterne in Länge und Breite auf 0.1 Grad genau angegeben.

II. Genaue Verwandlung von α, δ in λ, β (Genauigkeit 0°.01).

Zur genauen Verwandlung sind hier Hilfsmittel in den Tafeln E 11 bis E 13 gegeben. Diese Arbeit wird aber nur in seltenen Fällen, etwa bei der Nachrechnung von Sternbedeckungen, notwendig sein.

In Anbetracht der nur seltenen Anwendung der Tafel sind sie nicht bis 360 Grad durchgeführt. Das Suchen der Argumente wird dabei etwas lästig, weil die Anordnung bei jeder dieser Tafeln eine andere sein muß. Zu beachten ist ferner, daß die oberen Vorzeichen zu den linken Argumenten, die unteren zu den rechten gehören.

Gegeben sind:

α Rektaszension
δ Deklination.

Tafel E 11—13:

vertik. Arg. α / horiz. Arg. Jahr } p, r und s interpolieren.

Mit vierstelligen Logarithmen zu rechnen:

$$\operatorname{tg} P = \sin s \operatorname{tg} (\delta + r)$$

$$\lambda = \alpha + p + P$$

$$\operatorname{tg} \beta = \cos s \operatorname{tg} (\delta + r) \cos P$$

$\delta + r$ kleiner als 90°: P im 1. Quadranten. Das Vorzeichen von P ist +, wenn s und $\delta + r$ gleiche Vorzeichen haben; sonst negativ.

$\delta + r$ größer als +90°:
s positiv; P im 2. Quadranten
s negativ; P im 3. Quadranten.

Die Breite β hat das Vorzeichen von $\delta + r$.

Jahr 0

$\alpha = 20°$
$\delta = +60°$

$p = +1°.68$
$r = -8.54$
$s = +22.19$

$\delta + r = 51°.46$

$\sin s$	9.5771	$\cos s$	9.9666
$\operatorname{tg} (\delta + r)$	0.0988	$\operatorname{tg} (\delta+r)$	0.0988
$\operatorname{tg} P$	9.6759	$\cos P$	9.9560
P	+25°.37	$\operatorname{tg} \beta$	0.0214
p	+1.68	β	+46°.41
α	20.00		
λ	47.05		

III. Verwandlung von Länge λ und Breite β in Rektaszension α und Deklination δ.

Schoch gibt in seinen Tafeln auf S. 11 eine Umwandlungstafel für β zwischen —10° und +10°, auf 0°.1 genau.

In Taf. Chr. II ist für β zwischen —9° und +9° eine auf 0°.01 genaue Umrechnungstafel gegeben.

Mit den hier gegebenen Tafeln E 11 bis E 13 lassen sich Umwandlungen für beliebige Werte von β mit einer Genauigkeit von ± 0°.03 ausführen.

Die mit vierstelligen Logarithmen auszuführende Rechnung ist:

Tafel E 11 bis E 13:

$\left\{\begin{array}{l}\text{vertik. Arg. } \lambda \\ \text{horiz. Arg. Jahr}\end{array}\right\}$ p, r und s interpolieren.

Vorzeichen oben bzw. unten beachten!

$$\operatorname{tg} Q = \sin s \operatorname{tg} (\beta - r)$$
$$\alpha = \lambda + p - Q$$
$$\operatorname{tg} \delta = \cos s \operatorname{tg} (\beta - r) \cos Q.$$

$\beta - r$ kleiner als 90°: Q im 1. Quadranten. Vorzeichen von Q positiv, wenn s und $\beta - r$ gleiches Vorzeichen haben; sonst negativ.

$\beta - r$ größer als +90°:
s positiv, Q im 2. Quadranten
s negativ, Q im 3. Quadranten.

Wenn eine geringere Genauigkeit genügt, so können p, r und s aus Taf. Chr. III Taf. 24 genommen werden; dann sind nur dreistellige Logarithmen erforderlich.

Jahr 0: $\lambda = 47^\circ.05$, $\beta = +46^\circ.41$

$p = +2^\circ.51$
$r = -17.81$
$s = +15.89$

$\beta - r = +64^\circ.22$

$\sin s$	9.4374	$\cos s$	9.9831
$\operatorname{tg} (\beta - r)$	0.3161	$\operatorname{tg} (\beta - r)$	0.3161
$\operatorname{tg} Q$	9.7535	$\cos Q$	9.9395
Q	29°.55	$\operatorname{tg} \delta$	0.2387
p	+2.51	δ	+60°.01
λ	47.05		
α	20.01		

§ 21. Behandlung von Angaben über Kometen.

Angaben über Kometen sind in den meisten Fällen mit größter Vorsicht aufzunehmen. Im Altertum und noch mehr im Mittelalter wurden ungewöhnliche Erscheinungen wie Kometen, Meteore, Nordlichter als Wundererscheinungen betrachtet und keineswegs scharf auseinandergehalten. In dem unten erwähnten Quellenwerk von Pingré sind zahlreiche Angaben gesammelt, unter denen sich auch viele ganz unbestimmt gehaltene befinden, die kaum mit Kometen etwas zu tun haben. Am wertvollsten erweisen sich die chinesischen Berichte, während die aus Europa sehr viel zu wünschen übrig lassen. In den vielen astrologischen Texten des Mittelalters spielen die Kometen eine sehr große Rolle und können dort wichtige Stützen für Datierungsversuche bieten.

Um entscheiden zu können, ob eine Nachricht sich auf einen Kometen bezieht, wird auf den folgenden Seiten eine Liste aller aus Altertum und Mittelalter bekannt gewordener Kometen gegeben. Die Liste ist ein Auszug aus einer etwas ausführlicheren Aufstellung in

Ph. Carl, Repertorium der Kometen-Astronomie. München 1864.

Die Liste von Carl beruht in der Hauptsache wieder auf

Pingré, Cométographie ou traité historique et théorique des comètes. 2 Bände, Paris 1783, 1784

sowie auf vier Abhandlungen von Biot über Kometenerscheinungen aus den chinesischen Annalen in Connaissance des temps pour l'an 1846, appendice (Paris 1843).

Findet sich also in der Liste ein Objekt, auf das die Angaben des Textes zu passen scheinen, so ergibt die Durchsicht der vorstehend genannten Werke, vor allem der von Pingré und Biot alle Angaben, die sich auf den Kometen beziehen; diese Angaben sind dann mit den Angaben des Textes in Einklang zu bringen. Wenn Zeit und Ort am Himmel (Sternbild) zutreffen, kann die Identität als sicher betrachtet werden.

Erläuterung der Liste.

Spalte 1 und 2 Jahr und genäherte Jahreszeit. * bei Jahr bedeutet: Großer Komet.

Spalte 3 Himmelsgegend, in der der Planet gesehen wurde. Ist bei längerer Dauer der Sichtbarkeit nur ein Sternbild angegeben, so ist es das, in dem der Komet erschien. Für die Sternbilder sind folgende Abkürzungen gebraucht:

And = Andromeda	Col = Columba	Lyr = Lyra
Aql = Aquila	Com = Coma Ber.	Mus = Musca (bei Aries)
Aqr = Aquarius	Cor = Corona	Oph = Ophiuchus
Ari = Aries	Cra = Crater	Ori = Orion
Aur = Auriga	Crv = Corvus	Peg = Pegasus
Boo = Bootes	Cyg = Cygnus	Per = Perseus
Cam = Camelopardus	Del = Delphinus	Psc = Pisces
Cap = Capricornus	Dra = Draco	Psc austr. = Piscis austr.
Cas = Cassiopeia	Equ = Equuleus	Sco = Scorpius
Cen = Centaurus	Eri = Eridanus	Ser = Serpens
Cep = Cepheus	Gem = Gemini	Sgr = Sagittarius
Cet = Cetus	Her = Hercules	Tau = Taurus
Circ = Circumpolargegend	Hyd = Hydra	UMa = Ursa major
	Leo = Leo	Umi = Ursa minor
Cnc = Cancer	Lib = Libra	Vir = Virgo

4. Spalte: Ort, an dem der Komet gesehen wurde:

Ch = China	Gr = Griechenland
Eu = Europa	It = Italien
Fr = Frankreich	Sy = Syrien

5. und 6. Spalte: Nachweis der Seitenzahl bei Pingré Bd. I und bei Biot.

Die Liste schließt ungefähr mit der Einführung des gregorianischen Kalenders (1586) ab. Für spätere Zeit ist das Verzeichnis von Carl einzusehen, das durch Berücksichtigung der neueren Literatur hier dem Verzeichnis von Pingré überlegen ist.

Jahr	Jahreszeit	Ort am Himmel	Gesehen in	Nachweis	
				Pingré I	Biot
v. Chr.					
612	Juni	UMa	Ch	254	
533	Dez.	Aqr Cap	Ch	254	
524	Winter	Sco	Ch	254	
481	Ende d. Jahres	Osten	Ch	255	
479			Gr	255	
466[1])			Ch	574	
465			Gr	255	
432			Ch	258	
426 } 402 }[2])	Dez.	Nordpol	Gr	259	
371 ?	Winter	Ari bis Ori	Gr	259	
360		Westen	Ch	263	
345			Rom	263	
344			Gr	264	
340			Gr	264	
304			Ch	265	
302			Ch	265	
295			Ch	575	
239	Sommer		Ch	265. 575	
237	Mai		Ch	575	
233	Febr.	Osten	Ch	275	
*203	Ende Aug.	Boo	It Ch	265	
*171	Ende Sommer		Ch	266	
156	Ende Okt.	Aqr Equ Peg	Ch	267	
154			Ch	267	
148	Okt. Nov.		Ch	268	
*146			Gr	269	
138	Herbst	Nordwest	Ch	269	
137 I	März		Ch	577	
137 II		Her Lyr	Ch	577	
*136			Eu	269	
*134	Sommer	Norden ? Sco	Ch	270. 577	61
120	Frühling	Osten	Ch	271	
118			Eu	271	
110 I		Gem	Ch	273	
110 II		UMa	Ch	273	
109 I			Ch	578	
109 II			Ch	578	
108		Gem	Ch	579	
102—101		Boo	Ch	579	
86		Osten	It Ch	275	
84	Frühling	Nordwest	Ch	275	
75			It	275	
69[3])	Juli Aug.	Cor Oph Ser Her	Ch	276	61
62			Eu	276	
*48		Cas bis Pol	Eu Ch	277	61 ?
47	Juni	Tau	Ch		61
43 I	Mai	Nordwest	Ch	278	
43 II	Sept.	Aur	Eu	277	
42—41			Eu	279	
31			Eu Ch	279	
29			It	279	
12	Aug.—Herbst	Gem Leo Vir Boo Oph Hyd Sco	It Ch	280	83
4—3		Cap	Ch	281	83

[1]) Wahrscheinlich der Komet von 465. [2]) Jahr zweifelhaft, 426 oder 402.
[3]) oder 68.

Jahr	Jahreszeit	Ort am Himmel	Gesehen in	Nachweis Pingré I	Nachweis Biot
n. Chr.					
10	—	—	It	283	
14	—	—	It Ch	283	
19	—	—	Ch	283	
22	Dez.	Hyd	Ch	283	83
39	Apr.	Peg	Ch	284	
54	Herbst	Nord—Zenit—Ost	It Ch	284	
55—56	Nov.—März	Cnc	Ch	285	62
60	Aug.—Herbst	nördl. Per	Ch It	285	
61	Ende Sept.	Boo	Ch		62
62	—	—	It	285	
64	Mai	Vir	It Ch	286	62
65	Juli—Sept.	Hyd—Leo	Ch	287	
66	Febr.	Sgr Sco	Ch	288	62
69	—	—	Eu	288	
70	Dez.—Jan. 71	Leo	Ch		62
71	März—Mai	Plejaden—Leo	Ch		62
75	Juli	Leo Vir Boo	Ch	289	
76	Sept.	Her—Cap	Ch It	289	83
77 od. 78	Jan.	Ari	Ch	290	83
79	—	—	It	290	
84	Juni—Juli	Mus—Cas	Ch		62
104	Juni—Juli	Circ—Plejaden	Ch		63
110	Jan.	Eri	Ch	583	83
115	Nov.	Aqr—Mus—Tau	Ch		63
117	Jan.	Aqr—Mus	Ch	291	
141	März—Apr.	Peg And Gem Leo	Ch	292	
148—149	Okt.—Winter	Her	Ch	293	
161 I	Febr.	Sco	Ch	293	
161 II	Juni	Peg	Ch	585	82
173—174	Dez. 173—Juli 174	Cen	Ch		63
178	Herbst	Vir Oph Ser Eri	Ch	294	83
180 I	Aug.	UMa	Ch	586	
180 II	Winter	bei Sirius	Ch	294. 586	
182 I	März	—	Ch	586	
182 II	Aug.	—	Ch	294	
188	Frühling	—	Ch	294	
um 190	—	—	Eu	294	
*192	Herbst	—	Ch	587	
193	Nov.	—	Ch	295	
200	Nov.	—	Ch	296	
204	Nov.	—	It Ch	296. 587	
206—207	—	—	Ch	296	
213	Jan.	Gem	Ch	296	
218	Apr.	—	It Ch	296	
225	Dez.	Leo	Ch	589	
232	Dez.	—	Ch	297	
236[1])	Dez.	Sco Her	Ch	297. 589	82
238 I	Aug. Sept.	Hyd		297. 590	82
238 II	Nov. Dez.	Aqr Cyg And Peg Oph	Ch	297	64
240	Nov. Dez.	Sco—Aqr	Ch	298. 590	82
245	Sept.	Hyd	Ch	298	82
247	Jan.—April	Crv	Ch	258	82

[1]) Die 3 genannten Kometen sind identisch.

Jahr	Jahreszeit	Ort am Himmel	Gesehen in	Nachweis Pingré I	Biot
n. Chr.					
248 I	April	Plejaden	Ch	590	82
248 II	Aug. Sept.	Cra Crv	Ch	298. 591	82
252 I	Jan.—März	Peg	Ch	299	
252 II	März Apr.	Mus Ori	Ch	299. 591	
253	Dez.	Vir	Ch	299	
255	—	Nordwest	Ch	592	
257	Ende d. Jahres	—	Ch	592	
259	Nov.	Leo Vir Crv	Ch		64
262	Dez.	Vir	Ch	299	
265	Juni	Cass	Ch	592	
268	Febr.	—	Ch	299. 592	
269	Okt.	—	Ch	592	
275	Jan.	Crv	Ch	593	
276 u. 277[1])	—	—	Ch	300. 593	
278	Juni	—	Ch	300	
279	Apr.	—	Ch	594	
279	Apr.—Juli	Leo	Ch	594	
281	Sept.	—	Ch	594	
281	Dez.	Leo	Ch	594	
283	Apr.	Südwest	Ch	594	
*287	—	Sgr	Ch	300	
290	Mai	—	Ch	594	
295	Mai	Leo UMa Peg Per	Ch	595	
300—301	Ende 300	—	Ch	595	
301	Apr.	—	Ch	595	
302	Mai	—	Ch	595	
303	Apr.	—	Ch	595	
305	Sept.	Tau	Ch	596	81
305	Ende Nov.	UMa	Ch	596	
329	Aug.	Sgr	Ch	596	81
*336	Febr.	And Ari	It Ch	301	
340	Febr.	Boo Vir Leo	Ch	301	
343	Dez.	Vir	Ch	301	
350	Jan.	Vir	Ch	302. 597	
358	Juli	—	Ch	597	
*363	Aug.	Vir	It Ch	302	
369	März—Aug.	Circ	Ch		64
373	März April	—	Ch	597	
373	Ende Okt.	—	Ch	597	
374	Jan.	Sco Sgr	Ch	302	
386	April—Juli	Sgr	Ch		64
*389	—	—	Eu	303	
390	Aug.	Gem UMa Dra	Eu	305	81
392	—	—	Ch	305	
393	März—Okt.	Sco	Ch		64
395	Aug.	—	Ch	306	
*400	Frühling	Cass UMa Her Vir	Eu Ch	306	81
401	Jan.	Cyg	Ch	307	
402	Nov.—Jan. 403	Leo Vir	Ch		64
415—416[2])	—	—	Ch	598	
418 I	Juni	Leo	Ch	599	
418 II	Juli—Sept.	Leo—UMa	Eu Ch	309. 599	

[1]) Als acht verschiedene Kometen genannt. [2]) Mehrere Kometen.

Jahr	Jahreszeit	Ort am Himmel	Gesehen in	Nachweis Pingré I	Nachweis Biot
n. Chr.					
419	Febr.	—	Ch	600	
420 od. 421	—	—	Ch	311	
*422 I	März	Aqr Equ Peg	Ch	311	
422 II	Dez.	Peg	Ch	600	
423 I	Febr.	—	Eu Ch	312. 600	
423 II	Dez.	—	Ch	600	
432	—	Leo—Boo	Ch	600	
436	Juni	Sco	Ch	312	
442	Dez.	—	Eu	312	
449	Dez.	Leo Boo Vir	Ch	312	
451	Sommer	Tau Leo	Eu Ch	312	81
*467	—	—	Eu	314	
499	—	—	Eu	314	
501	Frühling	—	Ch	601	
507	Aug.	Nordost	Ch	315	
519	—	—	Eu	315	
520	Okt.—Nov.	Ost	Ch	315	
524	—	—	Eu	315	
530	—	—	Ch	317	
*531	—	—	Eu	315	
534	—	Leo Vir Boo Peg	Ch	318	
539	Nov.	Sgr—Ari	Eu Ch	319. 602	80
*556	Nov.	—	Eu	321	
560	Okt.	—	Ch	322	
563	—	—	Eu	322	
565 I	Frühling	—	Ch	603	
565 II	Juli—Okt.	UMa—Aqr	Ch	322. 604	
566	—	Nordpol	Eu	322	
568 I	Juli	Gem	Ch	322	
568 II	Sept.—Nov.	Sco Oph Her Aql Peg And Ari	Ch	323	65
574	Apr. Mai	Aur Tau UMa	Ch	605	65
575	April	Boo	Ch	605	
581	Jan.	Südwest	Ch	605	
*582	—	—	Eu	324	
584	—	—	Eu	324	
588	Nov.	Cap	Ch	325	
595	Jan.	Aqr And Psc Ari	Eu Ch	325. 605	
602	—	—	Eu	326	
605	—	—	Eu	326	
607[1])	—	—	Ch	327. 606	
608	—	Aur Tau UMa	Ch	607	
615	Juli	—	Ch	328. 608	
617 I	Juli	Leo	Ch	328	80
617 II	Okt.	Peg	Ch	608	80
626	März	Tau Per	Eu Ch	328. 608	80
632	—	—	Eu	328	
634	Sept.	Aqr	Ch	329. 608	
639	April	Tau	Ch	329. 608	
642	Juli Aug.	Com	Ch	329. 608	
663	Sept.	Boo	Ch	330. 609	
667	Mai	Aur Tau	Ch	330. 609	

[1]) Mehrere Kometen.

Jahr	Jahreszeit	Ort am Himmel	Gesehen in	Nachweis Pingré I	Nachweis Biot
n. Chr.					
668	—	—	Ch	330	
673 ?	—	—	Eu	331	
676 I	Jan.	Vir	Ch	331	
676 II	Sept. Okt.	Gem—UMa	Eu Ch	331. 609	
681	Okt.	Her—Aql	Ch	333. 609	
683	Apr.—Mai	Aur Tau	Ch	609	
684	Sept.—Okt.	Westen	Ch	333	80
707	Nov.—Dez.	Westen	Ch	610	80
708 I	März	Tau	Ch	610	
708 II	Sept.	—	Ch	610	
711	—	—	Eu	334	
712	Aug.	Com Leo Vir Boo	Ch	334	
729	—	—	Eu	335	
730	Aug. Sept.	Aur Tau	Ch	335. 610	
738	April	UMa	Ch	335. 610	
744	—	—	Sy	336	
760	Sommer	Ari Gem Hyd Vir	Eu Ch	336. 611	80
762	—	Ost	Eu	337	
767	Jan.	Del	Ch	611	79
770	Mai—Juli	Aur UMa	Ch	611	79
815	April	Circ—Leo	Ch	612	
*817	—	—	Eu Ch	339. 612	
821 I	März	Leo	Ch	612	
821 II	Juli	Tau	Ch	612	
828	Sept.	Boo	Ch	612	
834	Okt.	Circ Com	Ch	613	
*837 I	März April	Aqr Sgr Vir Hyd Leo	Ch	340. 613	65. 78
837 II	Herbst	—	Ch	613	
838[1])	—	—	Ch	614	
839	Febr.	Aqr	Eu Ch	345. 614	
839	März	Per	Ch	345. 614	
840 I	März	Peg	Ch	614	78
840 II	Dez.	Osten	Ch	615	78
841 I	Aug.	Aqr Peg	Ch	615	78
841 II	Dez.—Jan. 842	Psc austr. Peg	Ch	346. 615	78
852	April	Osten, Ori	Ch	615	78
855	—	—	Fr	347	
857	Sept.	Sco	Ch	615	78
858	—	—	Eu	347	
864	Sommer	Ari	Eu Ch	347. 615	
866	—	—	Eu	347	
868	Jan.	—	Eu Ch	348. 616	
869	Sept.	Per	Ch	616	
873	—	—	Eu	348	
875	—	—	Eu	348	
877	—	—	Eu	349	
*882	Jan.		Eu	350	
885	—	Per Gem	Ch	616	
886	Juni	—	Ch	616	
*891	Mai	UMa Boo Oph Ser	Eu Ch	351. 616	
892[2])	—	—	Ch	351. 616	

[1]) Die chines. Annalen geben 2 Kometen an. [2]) Die chin. Ann. geben 3 Kometen an.

Jahr	Jahreszeit	Ort am Himmel	Gesehen in	Nachweis	
				Pingré I	Biot
n. Chr.					
*893¹)	Mai	—	Ch	617. 351	
904	—	—	Eu	352	
905	Mai Juni	Gem UMa Leo Vir	Eu Ch	352. 617	
912	Mai	Leo Hyd	Ch	353. 618	78
912 od. 913	—	—	Eu	353	
923	Okt.	Cnc	Ch	354	
928	Dez.	Südwest, Sgr	Ch	618	78
936	Sept.	Aqr Cap	Ch	618	
939	—	—	Eu	354	
941	Herbst	—	Ch	619	
942	Okt.	—	Eu	355	
943	Nov.	Ost	Ch	619	
956	März	Ori	Ch	619	
959	—	—	Eu	356	
962	Jan.—April	Oph Lib Hyd	Ch		66
*975	Aug.—Okt.	Hyd Cnc And	Eu Ch	357. 620	
981	Herbst	—	Eu	358	
989	Aug. Sept.	Gem Boo Vir	Ch	358. 620	77. 66
990	Febr.—April	Crv Hyd	Eu Ch	359	66
995	—	—	Eu	359	
998	Febr.	Peg	Ch	360. 620	77
1000	—	—	Eu	360	
1003	Dez.—Jan. 04	Cnc Gem Tau Ori	Eu Ch	362. 621	77
1005	Okt.	Dra Umi Cam	Eu Ch	362	66
1006	—	—	Eu	363	
1015	Febr.	—	Eu	366	
1017	—	—	Eu	366	
1018	Juni Juli	Leo	Ch Eu	366. 621	67
1019	—	—	Eu	366. 622	
1024	—	—	Eu	368	
1032	Juli	Leo Vir	Ch		67
1033	März	—	Eu Ch	369	
1034	Sept.	Hyd	Eu Ch	370	
1035²)	—	—	Ch	622	
1041	—	—	Eu	371	
1042	Herbst	—	Eu	371	
1046	—	—	Eu	371	
1049	März	—	Ch	371. 622	
1054	Juli—Dez.	Tau	Ch		67
1056	Herbst	Circ	Ch	372. 623	
1058	—	—	Eu	372	
*1060	—	—	Eu	372	
*1066	April—Juni	Peg UMa Tau Gem Leo Vir Lib	Eu Ch	373. 623	76
1075	Nov.	Crv	Ch	378. 625	76
1080	Aug. Sept.	Vir Leo Hyd	Ch	379. 625	75
1092	Jan.	Ori Eri And	Ch		67
1096	—	—	Eu	380	
1097	Okt.	Lib Her	Eu	381. 626	
1098	—	—	Eu	382	
1100	Mai	—	Eu Ch	383. 627	
*1101	Febr.	—	Ch	383	

¹) Mit K. 891 verwechselt. ²) Die chin. Ann. geben 2 Kometen an.

Jahr	Jahreszeit	Ort am Himmel	Gesehen in	Nachweis	
				Pingré I	Biot
n. Chr.					
*1106	Febr.	Psc And Ari Tau	Eu Ch	384	
1109	Dez.	Milchstraße	Eu	389	
1110	Mai—Juli	And Psc Ari	Eu Ch	390	
*1113	Mai	—	Eu	391	
1114[1])	Mai	—	Eu	391	
1125	—	—	Eu	391	
1126 I	Juli	Circ	Eu Ch	391	
*1126 II	Dez.	—	Ch	392. 627	
1132 I	Jan.	—	Ch	627	
1132 II	Okt.	Mus	Ch	392. 627	
1138	Aug.	—	Ch	393	
1141—42	—	—	Ch	393	
1145	April—Juli	Ori Hyd	Ch	393. 627	74. 75
1146—47	Dez.—März	Hyd	Ch	393. 628	74. 75
1152	Aug.	Gem	Ch	628	74
1155	Mai	—	Eu	394	
1162	Nov.	Peg—Aqr	Ch	394. 629	
1165[2])	Aug.	—	Eu	394	
1181—82	Aug.—Febr.	And Cam	Ch	395	68
1198	Nov.	—	Eu	396	
1204	—	—	Eu	397	
1208	—	—	Eu	397	
1211	Mai	—	Eu	397	
1214 od. 15	—	—	Eu	397	
1217	—	—	Eu	398	
1222	Sept.—Nov.	Boo Lib Sco	Ch Eu	399. 629	74
1223	Juli	—	Eu	400	
1230	—	—	Eu	400	
1230—31	Dez.—März	Oph Ser Cyg Lyr Cap Sco	Ch	401	45. 73
1232	Okt.—Nov.	Vir Crv	Ch	402	45. 73
1239	Febr.	—	Ch	402	
1240	Jan.—März	Peg Cas	Eu Ch	403	45
1250	Dez.	—	Eu	404	
1254	—	—	Eu	405	
1264	Sommer	Cnc Gem Ori	Eu Ch	406	45. 46
1265	Herbst	—	Eu	411	
1266	Sommer	—	Eu Ch	413	
*1269	—	—	Eu	415	
1273	Dez.	Tau Aur UMa Boo	Ch	415	
1274	—	—	Eu	416	
1277	März	Nordost	Ch	416	46
*1285	—	—	Eu	416	
1293	Nov.	Circ	Ch	417	46
1298	—	—	Eu	418	
1299	Anf. d. Jahres	Col	Eu Ch	418	46
1301 I	Sept. Okt.	Gem UMa Cor Oph Ser	Eu Ch	420	46
1301 II	Dez.	—	Eu	423	
1304	Anf. d. Jahres	Peg—Circ	Eu Ch	424	47. 72
1305	Ostern	—	Eu	424	
1313	April	Gem	Ch Eu	425	

[1]) Vielleicht Komet 1113. [2]) 2 Kometen.

Jahr	Jahreszeit	Ort am Himmel	Gesehen in	Nachweis Pingré I	Nachweis Biot
n. Chr.					
1314	—	—	Eu	426	
1315—16	Winter	Cor Peg	Eu Ch	426	47
*1334	Sommer	—	Ch	429	
*1337 I	Juni—Herbst	Tau Cep Cor Boo Sco	Ch Eu	429	47
1337 II	—	Cnc Unsicher!	Eu	432	
1338	April	—	Eu	433	
1340	März April	Sco	Eu Ch	434	48
1345	Sommer	UMa Leo	Eu	435	
1347	—	—	Eu	435	
1351	Nov.	And Ari Tau	Eu Ch	437	48
1356	Sept.—Nov.	Hyd	Ch	438	48
1360	März	—	Eu Ch	438	
1362 I	März April	Aqr Peg Tau	Eu Ch	438	48
1362 II	Juni—Aug.	Cap	Ch	440	49
1363	März	Aqr.	Ch	440	49
1366	Okt.	UMa Dra Lyr Aqr Psc	Ch		49
1368	Frühling	Tau Per Aur	Eu Ch	441	50
1371	Jan.	—	Eu	442	
1373[1])	—	—	Ch		50
1376	Juni—Aug.	Cet Psc Per UMa	Ch		57
1378	Sept.	Aur UMa Dra Oph	Ch	442	50. 72
1380	Nov.	—	Jap. Eu	442	
1382	—	—	Eu Ch	443	
1385	Okt. Nov.	Vir Cra Hyd	Ch	444	57
1391	Mai	Dra	Ch	445	50
1391	Mai	Cam	Ch		50
1399	Nov.	—	Eu	445	
*1402[2])	—	—		447	
1406	—	—	Eu	452	
1407	Dez.	—	Ch		50
1408	—	—	Eu	452	
1430 I	Sept.	—			57
1430 II	Nov.	Psc Cet	Ch		58
1431	Mai	Gem	Ch	453	50
1432	Febr.	—	Ch	453	51
1433	Herbst	Boo Cor Oph	Eu Ch	453	51
1436	Herbst	—	Eu	454	
1439 I	März	Hyd			51
1439 II	Juli—Aug.	Tau	Eu Ch	454	51
1444	Aug.	Leo Virg	Eu Ch	454	51
1449	Dez.—Jan. 50	Oph Sco	Ch		51
1450	Jan.	(= voriger Komet)	Ch	455	51
1452	März	Tau	Ch	455	51
1454	—	—	Eu	456	
1456	Juni Juli	Tau Cnc Leo	Eu Ch	459	51
1457	Juni—Okt.	Aqr Peg Vir	Eu Ch	464	52
1458	Dez.—Jan. 59	Hyd Leo Cnc Gem	Ch	466	58
1460	Herbst	—	Eu	466	
1461	Aug.	Gem	Ch		52
1462	Juni—Juli	Cas UMa	Ch		58
1463	—	Vir	Ch	466	

[1]) Die chin. Ann. geben 3 Kometen an. [2]) Angaben unklar.

Jahr	Jahreszeit	Ort am Himmel	Gesehen in	Nachweis Pingré I	Biot
n. Chr.					
1464	Frühling	Leo	Ch	466	
1465	März—April	—	Ch		52
1468 I	Febr.	UMa	Ch	467	
1468 II	Sept.—Dez.	Hyd—Peg	Ch Eu	467	52
1471	Herbst	Vir Lib	Eu	469	
*1472	Jan.—Febr.	Vir Boo Cep Cas And Psc Cet	Eu Ch	471	53
1476—77	Dez.—Jan.	—	Eu	477	
1490—91	Dez.—Jan.	Cyg Peg Cet	Ch		53
1491	Jan.—Febr.	Psc Ari	Eu	478	
1495	Jan. Febr.	Oph Aqr	Ch		58
1499	Aug. Sept.	Oph Dra Umi	Ch		58
1500	Mai—Juli	Aqr Peg Circ	Eu Ch	479	54
1502	Nov. Dez.	Hyd	Ch		59
1503	—	—	Eu	479	
*1505	Herbst	—	Eu	480	
1506	Juli Aug.	Circ UMa Cnc Leo Vir	Eu Ch	482	54
1512	März, April	—	Eu	483	
1513—14	Nov.—Febr.	Cnc Vir	Eu	483	
1516	Jan.	—	Eu	483	
1518	Frühling	—	Eu	484	
1520	Febr.	—	Ch		54
1521	April	—	Eu	484	
1522	—	—	Eu	485	
1523	Juli	Oph	Ch		54
1530	Herbst	—	Eu	486	
1531	Juli	Gem—Vir	Eu Ch	487	54. 71
1532 I	März	Südost	Ch		59
1532 II	Sept.—Dez.	Gem Leo Vir Lib Sco	Eu Ch	491	54. 55
1533	Juni—Sept.	Tau Per Gem Cass Cyg	Eu Ch	496	55
1534	Juni	And Cas	Ch		59
1536	März April	Dra	Ch		59
1538	Jan.	Psc And	Eu	498	
1539	April Mai	Tau Leo	Ch Eu	500	55
1545	Dez.	Dra? Sgr.	Eu Ch	501	59
1554	Juni	UMa	Ch		55
1556	März—Mai	Lib Vir Boo Cor Gem	Eu Ch	502	55
1557	Okt.	Sgr Oph	Eu Ch	507	55
1558	Aug.	—	Eu	507	
1560	Dez.	—	Eu	509	
1569	Nov. Dez.	Ser Sgr Cap	Eu Ch	509	55
1577	Nov.	Sco Sgr Cap	Ch	511	55
1580	Herbst	—		521	56
1582 I	März	—		541	
1582 II	Mai	—		544	56

Stichwort-Verzeichnis.

Seitenzahlen in fetter Schrift geben die Stellen an, an denen Anleitungen zu Berechnungen zu suchen sind.

Seitenzahlen in gewöhnlicher Schrift beziehen sich auf theoretische Erläuterungen oder Erklärungen der betreffenden Erscheinung.

Nach Abschluß des Druckes wird dem Verf. bekannt, daß Herr C. Schoch seine in § 19 III behandelten Tafeln auf die Zeit — 3000 bis Jetztzeit erweitern wird.

Die Erweiterung wird im Selbstverlag von Herrn C. Schoch, Berlin-Steglitz, Kuhligkshof erscheinen. Weil alle im Selbstverlag erscheinenden Schriften sehr bald in Vergessenheit geraten, sei hier ausdrücklich darauf aufmerksam gemacht.
